张仁贡　主审
帅　神　编著

节水动漫教育与水资源管理

浙江工商大學出版社
ZHEJIANG GONGSHANG UNIVERSITY PRESS
·杭州·

图书在版编目(CIP)数据

节水动漫教育与水资源管理 / 帅神编著. — 杭州 : 浙江工商大学出版社, 2021.1

ISBN 978-7-5178-4144-9

Ⅰ. ①节… Ⅱ. ①帅… Ⅲ. ①节约用水—通俗读物②水资源管理—通俗读物 Ⅳ. ①TU991.64—49 ②TV213.4—49

中国版本图书馆 CIP 数据核字(2020)第 201573 号

节水动漫教育与水资源管理

JIESHUI DONGMAN JIAOYU YU SHUIZIYUAN GUANLI

张仁贡 主审

帅 神 编著

责任编辑 张晶晶

责任校对 沈黎鹏

封面设计 林朦朦

责任印制 包建辉

出版发行 浙江工商大学出版社

(杭州市教工路 198 号 邮政编码 310012)

(E-mail:zjgsupress@163.com)

(网址:http://www.zjgsupress.com)

电话:0571-88904980,88831806(传真)

排 版 杭州朝曦图文设计有限公司

印 刷 杭州高腾印务有限公司

开 本 710mm×1000mm 1/16

印 张 9.75

字 数 186 千

版 印 次 2021 年 1 月第 1 版 2021 年 1 月第 1 次印刷

书 号 ISBN 978-7-5178-4144-9

定 价 48.00 元

浙江工商大学出版社营销部邮购电话 0571-88904970

参编人员（按姓氏笔画排序）

王昌云　刘　洋　杨　勇　杨光安　张碎莲　张嘉涵

陈　前　邵蒙娜　夏　菲　黄世一　韩桂芳　韩桂鸿

廖　君　潘权威

前 言

本书依托浙江省水利厅专题研究课题“浙江省非常规水资源利用机制调研”(ZSSJ/CG-201107014)、浙江省社会科学联合会社科普及课题“我国水资源公共管理宣传读本”(11ZC15)、浙江省科技厅高技能人才培养和技术创新项目(2010R30033)、瑞安市水利局节水教育基地建设项目等公益性项目编写而成,面向我国中小学生、家长以及社会广大倡导节水的有志之士。本书不是一本学术性论著,而是一本宣传我国现阶段水资源节水和管理的概念、模式、管理制度、手段以及法规标准等的科普读物。它采用通俗易懂的漫画、解读性语言和节水基地建设案例等,以漫画形式倡导对我国水资源的节约,讲述水资源的现状,宣传水资源节约利用的意义,宣传水资源利用应该遵循的法律、法规、制度和标准等,以提高中小学生及社会广大民众在水资源利用方面的节约意识、法律意识、管理意识等,有利于培养中小学生的节水意识,有利于我国水资源的可持续利用,有利于广大民众人文素质的提高,有利于水资源的行业管理,有利于国家水资源的安全。

本书在编写过程中,得到浙江省水利厅、瑞安市水利局、瑞安市安阳实验小学、浙江同济科技职业学院等单位的大力支持与指导,在此表示衷心的感谢。在开展研究工作和编写的过程中,得到了许多领导和同行的关心与支持;并参阅了部分专家、学者的研究成果和有关单位的资料,在此特表衷心的感谢。编写组对本书进行了内容扩充、文字整理、编排等工作,最终由张仁贡教授主审完成。由于作者学术水平有限、资历尚浅,因此,书中难免有不妥和错误之处,诚恳地希望各位专家和读者不吝指教,使之不断修正,逐步完善。

编　者

2020 年 8 月

目　录

第一部分　水资源公共管理

第二部分 一个节水漫画小故事

第三部分 节水教育基地案例

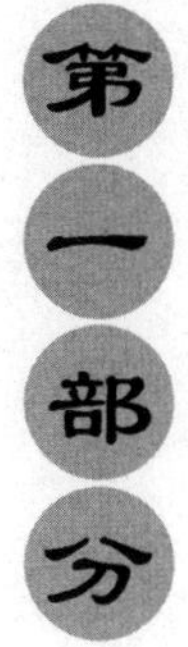

第一部分

水资源公共管理

第1章　水资源管理的历史

1.1　水利管理

水利管理的历史可追溯到公元前18世纪。当时巴比伦古国颁布的《汉穆拉比法典》中，已有关于堤防失修、冲毁土地，责任者要赔偿损失的规定。中国早在春秋战国时期即已建设具有相当规模的防洪、灌溉和水运工程，在此时期已形成修守堤防等属于水利管理范畴的初始概念。著名的都江堰工程修建于公元前256—前251年，由于历代重视维修管理而相沿使用至今。汉代在建成一些灌溉工程后，曾颁布有“定水令”、《均水约束》等属于建立单项工程灌溉的管理制度。隋唐是航运灌溉等水利工程普遍发展时期。自唐代起相继出现了由中央政府制定的水利管理法规，如唐《水部式》，宋初关于建立黄河修守制度的诏书和金代的《河防令》等。元、明、清各代也有不少水利管理成就。元代开通京杭运河全线后，由于重视维修管理，设置专职官员，统一指挥闸门启闭，解决航运、灌溉之间用水矛盾，曾维持全线通航500多年；明代为了解决浙江绍兴旱涝潮灾而兴建的三江闸，已专门设立水尺，根据水位涨落尺寸进行水利调度。以上工程效益都很显著，充分说明了中国历史上水利管理的成就。20世纪50年代以来，中国水利建设发展很快，大批工程投入运行，水利管理也从凭经验管理、靠手工劳动为主的年代，开始进入科学管理的新时期。20世纪50年代中期，水利工程技术管理被概括为：检查观测、养护修理、控制运用（即水利调度）三个方面。制定颁发了水库、水闸、河道堤防等管理通则和水利工程检查观测、养护修理等技术规范，管理规章制度逐渐完备起来。20世纪60年代加强了经营管理，开始制订计收水费办法，20世纪80年代采用了电子计算机等先进技术。40年来的水利管理工作，取得了显著成绩：战胜了历次出现的超标准洪水，保持了黄河连续40年伏秋大汛未决口。1988年通过运行管理向全国供水总量为4986亿m^3，其中：为农业供水4465亿m^3，为工业供水428亿m^3，为城市生活供水93亿m^3。水力发电用水总量为4936亿m^3，绝大部分得到综合利用。1985年水库渔业产量达295万吨。

20世纪70年代，北美、西欧和亚洲太平洋地区的一些技术先进国家，在水利管理中已经采用了不少新技术、新措施。（1）在水情测报方面：自动化程度较高。

如美国的自动测报站点约占站点总数的50%。日本的专用微波通信网,可使一级河川的情报资料在10分钟内全部汇集到主管河川治理和防洪的建设省。(2)在水利调度方面:先进国家对治理开发程度较高的河流,实行了按水系集中统一调度或水库群联合调度,调度系统自动化水平很高。可在中央控制站内,对同一水系的水库、水电站进行集中统一调度和自动控制,把上、下游有关雨量、水位、流量等数据自动传输到中央控制站的电子计算机中,进行实时运算,提出洪水预报和优化调度方案,并可自动开关闸门,开停水力发电机组和用无线电向下游地区发出泄洪警报。如法国罗讷河安装了大型电子计算机,可使12个梯级工程实行统一调度。(3)在大坝安全管理方面:许多国家都有专门法规,要求主管机关随时掌握工程安全情况并定期进行全面检查和鉴定。如美国1972年通过的国家《大坝安全法》即为一例。大坝安全监测仪器设备已有很多改进。监测方法的总趋势是在完善单项工程监测的基础上逐步联网,走向集中监控和自动化。如西班牙1972年建成的阿塔扎尔坝和意大利1982年建成的里多拉克利坝等大坝的监测系统,都可在控制室内,对设在大坝廊道内的观测仪器进行遥测,有的还可以自动分析处理,印出报表或发出警报。(4)在工程维修加固方面:各国都采用了诸如振冲加固松散坝体、坝基,高压喷射灌浆加固堤坝防渗,预应力锚索加固工程,用土工织物做反滤垫层或抢险材料,用金属喷镀技术保护金属结构等,效果都很好。

1.2 水资源供给

随着治水事业的发展,一系列重大水利工程的建设,使得水害灾害的威胁逐步降低,促进了经济社会的快速发展。但是随着经济社会的快速发展,国民经济与人民生活对水资源的需求日益增长,水资源的供给成为经济社会发展的瓶颈,水利的主要任务从防洪减灾转向水资源供给。

我国位于欧亚大陆东南部,大部分处于北温带季风区,地域辽阔,水资源总量丰富,多年平均径流量2.37万亿 m^3,居世界第五位,但人均占有年径流量仅为1693 m^3左右,约为世界人均值的1/4,而且水资源的地区分布也极为不均匀。长江、珠江、松花江水资源较丰富,多年平均径流量达1.3万亿 m^3 以上;黄河、淮河、海河、辽河的水资源则十分紧张,其径流量仅为前者的1/8。

我国水土资源、人口分布和经济发展极不均衡。东部开发程度较高,但人多地少;淮河、海河、辽河流域都是人口密集、经济发达地区,但人均占有水资源量只有350 m^3—500 m^3,其中海河流域人均水资源占有量比2000年全国人均用水量还少140 m^3,入海水量由20世纪60年代的200多亿 m^3 减少到现在的10多亿 m^3;而西部地区的大片干旱土地也期待调水后能得到开发。改革开放以来,我国经济发展突飞猛进,工农业生产和人民生活水平不断提高,对水资源的需求也迅速增加,使原来就缺水的华北、西北、东北等地区和经济发展迅速的东南沿海地区的水资源供需矛盾更加突出。

我国现有城市600多个,严重缺水城市有400多个,其中特别严重缺水的城市有110多个,水资源短缺已经成为这些城市和地区经济发展的主要制约因素。

为了提高水资源供给能力,我国兴建了一批供水工程,如江苏江水北调、天津引滦入津、广东东深供水、河北引黄入卫、山东引黄济青、甘肃引大入秦、山西引黄入晋、辽宁引碧入连、吉林引松入长、甘肃景电引水等工程。

这些已建的调水工程大都取得了显著的经济效益、社会效益和环境效益,工程本身的收效也较好。如引滦入津、引黄济青、引碧入连、西安黑河引水和福建北溪引水等城市调水工程的建成运行,使天津、青岛、大连、西安和厦门等我国重要的工业与旅游城市解决了水资源严重短缺的危机,为当地提供了稳定可靠的水源,基本满足了城市生活和工业用水的需求,为当地工业生产和经济发展注入新的活力,为城市的生存和可持续发展提供了重要的物质基础,也极大地改善了调水城市的投资与建设环境。

1.3 水资源保障

在全社会供水能力得到有效提高以后,水资源保障的任务开始显现。经济规模的扩大,人民生活水平的提高,对供水稳定性提出了更高的要求。同时由于经济社会发展与水资源自然赋存的不一致,区域性缺水问题突出,为此,水资源保障成为水利工作又一重点。

加强工程科学调度,提高水资源保障水平。针对我国高坝大库日益增多,调蓄功能不断增强的新情况,加强水库调度和梯级水库联合调度,兼顾上下游、左右岸、干支流,正确处理防洪、供水、航运、生态与发电的关系,正确处理社会效益、生态效益与经济效益的关系,保障水库中下游地区生活、生产、生态用水需求。科学确定蓄水时间,向洪水要资源,确保蓄水过程必需的下泄流量,统筹解决蓄水过程与下游用水矛盾。

1.4 水资源管理

水资源管理的目的:提高水资源的有效利用率,保护水资源的持续开发利用,充分发挥水资源工程的经济效益,在满足用水户对水量和水质要求的前提下,使水资源发挥最大的社会效益、环境效益、经济效益。

广义的水资源管理,可以包括:(1)法律。立法、司法、水事纠纷的调解处理。(2)行政。机构组织、人事、教育、宣传。(3)经济。筹资、收费。(4)技术。勘测、规划、建设、调度运行4方面构成一个由水资源开发(建设)、供水、利用、保护组成的水资源管理系统。这个管理系统是把自然界存在的有限水资源通过开发、供水系统与社会、经济、环境的需水要求紧密联系起来的一个复杂的动态系统。社会经济发展，对水的依赖性增强，对水资源管理要求愈高，各个国家不同时期的水资源管理与其社会经济发展水平和水资源开发利用水平密切相关；同时，世界各国由于政治、社会、宗教、自然地理条件和文化素质水平、生产水平以及历史习惯等，其水资源管理的目标、内容和形式也不可能一致。但是，水资源管理目标的确定都与当地国民经济发展目标和生态环境控制目标相适应，不仅要考虑自然资源条件以及生态环境改善，而且还应充分考虑经济承受能力。

在水资源开发利用初期，供需关系单一，管理内容较为简单。随着水资源工程的大量兴建和用水量的不断增长，水资源管理需要考虑的问题越来越多，已逐步形成专门的技术和学科。主要管理内容有：(1)水资源的所有权、开发权和使用权。所有权取决于社会制度，开发权和使用权服从于所有权。在生产资料私有制社会中，土地所有者可以要求获得水权，水资源成为私人专用。在生产资料公有的社会主义国家中，水资源的所有权和开发权属于全民或集体，使用权则是由管理机构发放使用证以示用户可以用水。(2)水资源的政策。为了管好用好水资源，对于如何确定水资源的开发规模、程序和时机，如何进行流域的全面规划和综合开发，如何实行水源保护和水体污染防治，如何计划用水、节约用水和计收水费等问题，都要根据国民经济的需要与可能，制定出相应的方针政策。(3)水量的分配和调度。在一个流域或一个供水系统内，有许多水利工程和用水单位，往往会发生供需矛盾和水利纠纷，因此要按照上下游兼顾和综合利用的原则，制订水量分配计划和调度方案，作为正常管理运用的依据。遇到水源不足的干旱年，还要采取应急的调度方案，限制一部分用水，保证重要用户的供水。(4)防洪问题。洪水灾害给生命财产造成巨大的损失，甚至会扰乱整个国民经济的部署。因此研究防洪决策，对于可能发生的大洪水事先做好防御准备，也是水资源管理的重要组成部分。在防洪管理方面，除了维护水库和堤防的安全以外，还要防止行洪、分洪、滞洪、蓄洪的河滩、洼地、湖泊被侵占破坏，并实施相应的经济损失赔偿政策，试办防洪保险事业。(5)水情预报。由于河流的多目标开发，水资源工程越来越多，相应的管理单位也不断增加，日益显示出水情预报对搞好管理工作的重要性。为此必须加强水文观测，做好水情预报，才能保证工程安全运行和提高经济效益。

管理体制分为集中管理和分散管理两大类型。集中型是由国家设立专门机构对水资源实行统一管理，或者由国家指定某一机构对水资源进行归口管理，协调各部门的水资源开发利用。分散型是由国家有关各部门按分工职责对水资源进行分别管理，或者将水资源管理权交给地方政府，国家只制定法令和政策。美国从1930年开始强调水资源工程的多目标开发和统一管理；并在1933年成立了全流域统一开发管理的典型田纳西河流域管理局（TVA）；1965 年成立了直属总统领导、内政部长为首的水利资源委员会，向全国统一管理的方向发展；20 世纪 80 年代初又开始加强各州政府对水资源的管理权，撤销了水利资源委员会而代之以国家水政策局，趋向于分散型管理体制。英国从 20 世纪 60 年代开始改革水资源管理体制，设立水资源局；20 世纪 70 年代进一步实行集中管理，把英格兰和威尔士的 29 个河流水务局合并为 10 个，并设立了国家水理事会，在各河流水务局管辖范围内实行对地表水和地下水、供水和排水、水质和水量的统一管理；1982 年撤销了国家水理事会，加强各河流水务局的独立工作权限，但水务局均由政府环境部直接领导，仍属集中型管理体制。中华人民共和国的水资源管理涉及水利电力部、地质矿产部、农牧渔业部、城乡建设生态环境部、交通运输部等，各省、自治区、直辖市也都设有相应的机构，基本上属于分散型管理体制。20 世纪 80 年代以后，中国北方水资源供需关系出现紧张情况，有的省市成立了水资源管理委员会，统管本地区的地表水和地下水；1984 年中华人民共和国国务院指定由水利电力部归口管理全国水资源的统一规划、立法、调配和科研，并负责协调各用水部门的矛盾，开始向集中管理的方向发展。

1988 年我国第一部《中华人民共和国水法》的颁布，标志着水资源管理工作正式全面启动。通过十几年的努力，水资源意识在全社会得到了树立，水资源管理的基本框架得到确立，基本完善的水资源管理体系得到建立。2002 年 8 月 29 日，九届全国人大常委会第二十九次会议表决通过了《中华人民共和国水法》修订案，并于 2002 年 10 月 1 日起施行。“新水法”吸收了 10 多年来国内外水资源管理的新经验、新理念，对原水法在实施实践中存在的问题做了重大修改。“新水法”明确了新时期水资源的发展战略，即以水资源的可持续利用支撑社会经济的可持续发展；强化水资源统一管理，注重水资源的合理配置和有效保护，将节约用水放在突出的位置；对水事纠纷和违法行为的处罚有了明确条款，对规范水事活动具有重要作用。“新水法”的颁布实施标志着我国水资源管理正在向可持续发展方向转变。

1.5 浙江省水资源管理工作现状

根据《中华人民共和国水法》及《取水许可制度实施办法》，浙江省初步建立了取水许可制度。全省各类取水基本上纳入取水许可制度，所有从江河湖泊水库取水的建设项目，都实施了取水许可，按法律与法规的规定，履行了审查审批手续。

从 1993 年起，根据《浙江省实施〈中华人民共和国水法〉办法》的规定，出台了《浙江省水资源费征收管理暂行办法》，在全省范围内开征了水资源费，除法律法规规定减免外，对所有直接从江河湖泊取水的单位与个人征收了水资源费，建立了水资源有偿使用制度。这项制度的实施也有效地解决了水资源管理及开发利用前期工作经费不足的问题，有力地推动了全省水政水资源工作的开展，并有效地推进了节约用水工作的开展，全省各重点用水户在生产规模不断扩大的同时，实际用水量呈现明显的下降趋势，同时也使得水是宝贵的资源这一观念深入人心。

在取水许可与水资源有偿使用制度实施的同时，全省水政水资源管理机构也不断得到完善，从1990年起，全省各级水政水资源机构开始组建，至1997年全省基本建立了各级水政水资源管理机构，水资源管理得以系统开展。管理人员1—20人不等，一般为3—5人。

为有效掌握全省水资源动态，从1990年起以省水文系统原有江河水质监测网络为基础，通过不断加强与完善，迄今已经建立了基本完善的水质监测网络。监测范围包括全省主要江河和市以上水源地及部分县市供水水源地，基本控制了各大江河的主要控制断面的水质动态。从2000年起，各市及部分市县在原有水文监测网络的基础上，通过委托形式，进一步扩大了监测范围，使相当部分中小河流纳入监测范围。

为了适应水资源管理工作深入开展的需要，各级水行政主管部门在一定程度上与一些事业单位与中介机构开展了业务合作，经过多年的合作建立了较为稳定的业务合作关系和水资源管理工作的技术支撑体系。

1.5.1 建立了取水许可制度

取水许可制度是《中华人民共和国水法》规定的水资源管理的基本制度，国务院颁布《取水许可制度实施办法》以后，全省通过两年左右的努力，完成了取水登记工作，对全省直接从江河湖泊取水的情况进行了全面调查与登记，为取水许可制度的全面实施打下了基础。1995年8月18日，浙江省颁布了《浙江省取水许可制度实施细则》(省政府令第62号)，之后，在全省范围内开展了取水许可制度的实施工作，实施了取水许可制度，建立了取水许可审查、审批程序，所有从江河湖泊水库取水的建设项目，都按法律法规，履行了审查审批手续。

从2003年起，根据水利部、国家计委15号令规定，对需要办理取水许可申请的建设项目，实行了水资源论证，对建设项目取水对区域水资源供需平衡、对环境与生态的影响，建设项目用水的合理性进行专题论证，明确了审查的程序及要求，进一步规范了取水许可的审查与审批，提高了审批的科学性。

1.5.2 确立了水资源有偿使用制度

水资源有偿使用是《中华人民共和国水法》规定的又一项重要制度。1992年底，根据《浙江省实施〈中华人民共和国水法〉办法》的规定，《浙江省水资源费征收管理暂行办法》正式颁发施行，在全省范围内开征了水资源费，除法律法规规定减免外，对所有直接从江河湖泊取水的单位与个人征收了水资源费，建立了水资源有偿使用制度，建立了水资源费征收、票据管理与使用制度，规范了水资源费征收工作。这项制度的实施有效地解决了水资源管理及开发利用前期工作经费不足的问题，有力地推动了全省水政水资源工作的开展，并有效地推进了节约用水工作，重点用水户在生产规模不断扩大的同时，实际用水量呈现明显的下降趋势，同时也使得水是宝贵的资源这一观念深入人心。

1.5.3 组建了水资源管理队伍

在取水许可与水资源有偿使用制度实施的同时，全省水政水资源管理机构也不断得到完善，从1990年起，全省各级水政水资源机构开始组建，承担水资源管理的任务，通过3年左右时间的努力，全省水政水资源管理机构框架基本建立，至1997年全省各级水政水资源管理机构基本完善，初步建立了水资源统计与公报制度，建立了水资源管理的日常工作制度，保障了水资源管理工作的顺利开展。

1.5.4 建立了江河水质监测网络

为有效掌握全省水资源动态，从1990年起以水文系统江河水质监测网络为基础，通过不断加强与完善，扩大监测的范围，更新了监测设备，培训了人员，建立了监测工作制度，建立了基本完善的水质监测网络。监测范围包括全省主要江河和市以上水源地及部分县市供水水源地，共有水质监测站点155个，基本控制了各大江河的主要控制断面的水质动态。

1.5.5 基本建立了水资源管理的法规体系

为强化水资源管理，依法管理水资源，自1988年起陆续制订与颁布了《浙江省取水许可制度实施细则》《浙江省实施〈中华人民共和国水法〉办法》《浙江省水资源费征收管理暂行办法》等法规规章与规范性文件，建立了较为完善的法规体系，为依法管理水资源打下了良好的基础。

1.5.6 开展了水资源管理基础工作

在基础工作方面，开展并完成了全省各市、县、区的水资源开发利用现状的调查与评价工作，完成了全省有地下水开发利用或保护任务的市、县、区的地下水开发利用与保护的规划，完成了各大江河流域水资源开发利用规划，完成了水电资源的开发利用规划，有了较为详细的水电资源开发利用规划，这些规划为水资源管理提供了有力的支撑。在完成上述规划的同时，也开展了水资源保护的科学研究工作，完成了东苕溪环境容量研究、金华江环境容量研究及富春江引水环境问题研究等课题，开展了水功能区划分、用水定额编制、计量装置安装、排污口调查等各项基础工作，为开展水资源保护工作积累了经验，锻炼了队伍。

近年来随着水资源配置问题的突出，开展了如钱塘江河口水资源调度，浙东、浙北、永乐、舟山大陆引水，建设了珊溪、汤浦、长潭供水网络的建设与研究等一系列开创性的工作。

1.5.7 依托科研单位建立了水资源管理技术支撑体系

水资源工作开展十几年来，在水文局、设计院、水科院等科研事业单位与大专院校、中介机构的协助下，完成了一系列的水资源管理与科研任务，取得了一批成果。同时，也建立了良好、稳固的合作关系，这种合作关系为水资源管理提供了最重要的技术支撑力量。十几年来，这种合作关系不断得到加强与完善，合作范围也在不断扩大，为深化水资源管理提供了有力的技术保障。

1.6 水资源管理存在的问题

1.6.1 建设替代管理

计划经济体制下，政府不仅提供公共服务，还提供各类物品，对商品和资源的分配均实行配给制，具体到水利部门来说，则长期关注水利工程的建设和水资源的行政性分配。这是符合当时社会经济条件的，水利基础薄弱，民间力量有限，因此，必须由政府承揽国家的基础水利建设；而水资源相对丰富、用水主体相对简单的情况，也使得水资源的行政指令性分配体制效率较高。但是，这使得水利部门的工作重点长期向工程建设倾斜，长期以来形成了“建设者”“工程管理者”到位、“公共管理者”缺位的现象。在市场经济体制日益完善的今天，水利部门尚未实现“建设者”向“公共管理者”的战略转变。随着社会建设力量的加强和政企改革的逐步完成，水利部门工作重点应放到水资源的公共管理和应急能力建设上来。而水资源行政指令性分配体制也难以适应快速变化的社会经济和日趋稀缺的水资源现况。现今，水资源管理与保护的许多制度、规则和管理理念仍受计划思维的影响，不适应社会经济和水资源开发利用的现实。

水利建设并不是管理，至少不是对社会的管理，最多只是对建设的管理，是项目管理的概念，它与行政管理有着巨大的区别。因此，从这个意义上讲，“建设者”的水利部门并不是“水行政主管部门”，而是“水利建设部门”。

水利部门“重建设轻管理”，而在仅有的“管理”方面，又是“重工程管理轻资源管理”，在“资源”管理方面则是“重水量管理轻水质管理”，同时又是“重技术管理轻行政管理”，常常混淆“行政管理”与“技术管理”的界线。

1.6.2 技术管理替代行政管理

长期以来，水资源管理片面地强调技术管理，将水资源的调度配置作为水资源管理的核心内容，相应地，忽视了水资源的行政管理。行政管理的核心是水行政主管部门根据法律的授权与政府的分工，对社会开发利用水资源的行为进行管理，它的主要内容是规范社会涉及水资源开发利用的行为，它包括公众行为管理、公共危机管理与公共秩序管理。技术管理的核心是某一社会团体根据政府的要求，对水资源的循环、产生、运动、转化、使用等进行技术分析与论证，在必要时候根据技术论证与分析的结果，采取某些行动，从而为全社会提供水资源的保障或支撑。

“水能载舟，亦能覆舟”，“水火无情”，水是万物生长的前提，是万物之母，但水也是自然界最狂暴的力量之一。千百年来，水滋润了万物，但水也摧毁着万物。我国气候多变，地理条件复杂，水害灾害一直以来为我国带来了重大损失。面对如此狂暴的力量，任何时候必须依靠集体的力量，才能在一定程度上减小它的毁灭性，才能为人类的生存与发展拓展一定的空间。因此，政府必须承担起这一责任，研究水的各种规律，提出相应的措施，组织一定的力量，保障公众安全和社会正常运行。这是政府发挥水资源技术管理的重要依据。随着人类开发利用能力的增强，人类对抗自然界水害这一狂暴力量的能力也大大增强，同时，人类特别是我国仍然离不开政府对水资源的技术管理，需要研究水的运行、转化规律，为日益频繁的经济活动提供水资源保障。但在这一方面重要的是对公众开发利用水资源的行为进行管理，尤其人类在对水资源开发利用能力增强的同时，对水资源破坏的能力也在增强，管理力度不够必然导致水资源的破坏和生态的退化或毁灭，最终使人类失去生存的条件。而这种对开发利用水资源的行为的管理，正是水资源行政管理的任务。在早期，水资源是水文的术语，其含义相当于径流量。早期从事水资源研究活动的专业人员，多从水文专业人员转行而来，对其研究也主要集中在水文相关的研究方面。因此，其建立的体系有着极强的水文色彩。我国高校开设的水资源相关专业大多数也具有水文专业背景，这就导致整个水资源管理系统都有着极深的水文方面的渊源。这种联系，使得水资源管理有着较深厚的水资源运动转化研究的技术深度，有着较强的系统性、宏观性。但也正由于这种背景与联系，一些地方将水资源与水文工作相提并论，前些年一些地方纷纷将水文机构改名为“水文水资源机构”，就是这种联系导致的。目前水资源管理的技术标准、管理方式与管理思路，都还存在着极强的水文特征，使得水资源管理对水文体系具有强烈的依赖性，也使得相应的管理思路明显地受到水文传统思路的影响。水文系统有着严密的技术管理体系，高度重视基础工作，高度重视数据的准确性，高度重视从上而下的严密的统一性，它使得水资源管理从一开始就高度重视基础工作，有着较强的技术性、管理的严密性与高度的统一性。但同时水文系统长期重视自然的研究，忽视对人特别是对公众、群体的研究，强调自然状态下的水资源运动转化，对人与水的相互作用研究极少，缺乏对社会管理的理念。同时其严密的统一性，也导致其长期以来自成体系，缺乏与相关部门或社会互动，这些都严重影响了水资源管理的思路，从而导致了技术管理替代行政管理的思维模式。

1.6.3 管理精度不匹配

长期以来的水利建设使得水利部门建立了较为严密的工程建设技术体系，对工程建设的研究较为深入，积累了大量的实际工作经验，技术规范、规程非常严密、系统，有着良好的传统。水资源管理工作起步以后，水利部门将在工程建设工作中建立起的传统带入水资源管理方面，但由于二者管理对象不同，要解决的问题不同，工作要求与目的不同，这种简单的移植就引发了一系列的问题，其中管理精度不匹配成为水资源工作开展中一个较为严重的问题。

工程建设主要是点状问题，比较容易深入，而水资源管理主要是面状问题，难以深入。工程建设的对象主要是物，而水资源管理的对象主要是人，直接使用工程建设管理或工程运行管理的思路，必然无法适应水资源管理的需要，其中管理精度不匹配的问题就比较突出。如水资源规划侧重于水量的平衡，直接导致对需水预测要求过于具体，缺乏从宏观上把握与分析的观念，导致水资源规划无法起到控制的作用，也难以在管理中应用。又如，取水许可管理侧重于供水保证率与供水能力的管理，导致在水文分析方面要求较高，而缺乏对取水户需水合理性管理。再如，农业用水控制是以灌溉面积乘以单位面积计算而来的，工业与城镇用水则以流量计测量而来，用这两个指标计算全社会用水量，但全社会实际的用水量的精确度是以农业用水量的精度控制的，其精度极低。

1.6.4 对管理对象缺乏研究

水资源管理是面对用水户的，其管理对象中有农业、工业、城镇生活等，对这些用户进行深入分析，是确定管理对象重点的重要工作。但长期以来缺乏对管理对象的研究，导致管理重点定位失误，大量的管理资源被错误地投向非重点方面，影响了水资源管理工作的开展。

农业用水占了总用水的大部分，因此相当部分水资源管理工作者想当然地将农业用水管理当作水资源管理工作的重点，而实际上这是一个误区，其根源也是将水资源供需平衡作为水资源管理工作的出发点。由于我国农业的组织化程度较低，用水设施相对粗放，缺乏适用的计量设备，设备使用条件较为恶劣，设备的完好性难以保证，目前尚不具备计量管理的条件。同时农业是一个弱势产业，其利润无法支撑相对昂贵的计量设施。更重要的是,发达国家的农业都是以企业为单位的,其生产是以获取利润为目标的,而我国的农业大多是以户为单位的,其生产是以解决基本生存为目标的,这都使得农业用水难以实施有效的精确管理。在这种基本条件下,推行农业用水的计量管理、定额管理是不可能实现的。因此,将农业用水管理作为当前水资源管理的重点,必将占用大量的管理资源,而对提高水资源管理的水平基本是无效的。

从我国目前农业用水的基本情况看,农业用水的管理只能以区域计量为目标,不可能以农户为单位实施计量,由于区域不成为法律上的行政相对人,也就无法对其实施超定额收费、定额内免费的政策,也不可能通过计量促使农户节约或合理使用水资源。

1.6.5 缺乏管理的规范、标准

水资源管理的对象是直接从江河湖泊地下取水的单位与个人,是面向社会的管理,同时管理的技术标准、技术规范也是提高管理水平的重要基础,只有具备完善的规划与标准,才可使所有各级管理机关按照同一标准开展管理,也可让被管理者了解管理者要求达到的标准,从而从整体上提高管理水平。

首先,我国在水资源管理立法方面取得了一定的进展。1973 年我国制定了《关于保护和改善环境的若干规定》,这是我国关于环境保护的第一部法规性文件,其中有关于水资源保护的明文规定。1984 年颁布了《水污染防治法》,1988 年又颁布了《中华人民共和国水法》,之后还颁布了一些其他的水资源法律法规。但仅仅依靠这些法律还不足以为我国的水资源管理提供有力的法律保障。水资源是与其他自然资源紧密地联系在一起的,水资源的利用方式可以影响到与之相关的资源的利用,同时,其他资源的不合理利用也会引起水资源的连锁式的破坏。因而,互不相连的资源保护法不仅不能很好地保护某一专门资源,其拼凑起来的整体也不能从根本上对整个资源作为一个系统起到有效的保护。因此,必须有一部关于资源整体的系统的资源管理立法。其次,我国的水资源管理应该通过立法对水资源管理的全局机构赋予足够的权力以保证其切实做到统一管理与分级、分工管理相结合,通过立法对决策程序、公众参与和协调程序进行规范。地表水和地下水是一个统一的整体,但是我国目前还缺乏关于地下水的专门的法律,使得我国地下水管理混乱,而地下水的开采不合理又必然对地表水产生影响,最终影响到整个水环境,这方面的立法应尽快完善。

长期以来,水资源管理缺乏规范与标准,使管理行为难以量化、难以用同一标准衡量与管理取水行为。导致各地、各级管理水平参差不齐,许多工作开展起来缺乏依据。

因此,须开展适应水资源管理需要的水资源规划及其制度,如水功能区划、河道纳污能力核定、区域与流域取水总量控制方案、具体河段取水限额方案等;制定水资源管理规范与技术标准;制定具体的取水及排水的审查技术标准及规范,建立统一的标准,避免水资源审查审批因人而异、因事而异的问题。标准与规范的制订,也是推进水资源管理规范化的一个不可或缺的支撑。

规划是管理的依据,但目前的规划大多是以建设为主导,很难对管理工作起到指导作用,因此必须从管理的需要出发编制规划,将控制与保护作为规划的目的与重点进行规划,从管理的实际可能来进行规划,如河道的规划不是明确河道的断面,而是明确河道的边界,同时规划要更加详细,因一个大流域只能做出大致的安排,所以应当以县为基础进行规划,明确水域的功能,明确水域的边界,从而使管理有一个坚实的基础。

1.6.6 管理手段问题

城市管网供水是以水商品的形式面向终端用户的,因此,城市用水管理主要以水价的形成机制为核心,依赖市场手段进行调控,应重点研究水资源费的调整及联动的水价调整对城市用水的影响及对城市社会经济的影响等。自备水源工业企业主要以建设项目水资源论证和取水许可制度为基本手段,加强用水管理,下一步要研究如何使论证内容、审批程序、资质管理更符合水资源科学管理的要求。

1.6.7 缺乏合理风险观念

过度强调水资源供给的稳定性,导致大量的资源被闲置。为了防止小概率事件对水资源供给的影响,不得不建设大量的水资源工程加以保障,提高供给保证程度,这就导致水资源的过度开发、边际成本提高及对生态环境的干扰。

造成这种现象的原因是一些经济部门为了自身管理的方便性与生产的稳定性,对供水的保证率尽可能提出高的要求,而水行政主管部门常常只对工程是否能够承受这一要求进行审查,而不对经济部门提出的要求是否合理进行审查,导致保证率要求普遍高于必要的程度。

这种过高的保证率,导致资源的闲置与浪费,也极大地提高了水资源保障的成本。

第2章　水资源公共行政管理

水资源管理首先是一种公共行政管理，而不是水资源的供给，通过管理合理配置资源。

水行政主管部门是全社会水资源的管理者。

2.1　水资源公共行政管理的基础

自然资源是人类生存与发展的基础，但是人类并没有将所有自然资源纳入行政管理范畴，并且在人类实施管理的自然资源中，也没有采用同一模式进行管理。自然资源纳入公共行政管理范畴，必须满足下面的条件：(1)资源的有限性；(2)资源的必要性；(3)资源的稀缺性；(4)资源的可管理性；(5)政府管理成本相对较低；(6)产权难以界定，开发秩序混乱。

资源的有限性："取之不尽、用之不竭"的资源是不需要进行管理的。

资源的稀缺性：资源的有限并不意味着稀缺，至少在一定的历史阶段不存在稀缺性。不存在稀缺性的资源，没有管理也不会引发问题，至少在当前的历史阶段它不会引发问题，所以也没有必要进行管理。

资源的必要性：资源的必要性是人们对资源进行争夺的前提，存在必要性的水资源才会引发开发利用秩序问题，才需要进行管理。

符合上述条件的资源一般都成为管理的对象，但是在管理的实践中，我们也发现符合上述三个条件的资源有的管理较为顺利，而有的则难以实施有效管理。导致这种现象的原因是多方面的，但其中最重要的因素是"资源的可管理性"。

水是生命之源，是生态环境最重要的因子之一，是经济社会发展不可替代的自然资源。随着经济社会的快速发展，人类开发利用自然资源的能力不断增强，为满足经济社会发展对水资源的需求，人类不断加大对水资源的开发利用。但随着开发力度的不断加大，河流断流、地下水位急剧下降、水生生物种群退化、濒危物种名单不断加长等问题不断出现，因此开发利用的边际成本快速升高，生态的制约越来越大，明确地告诉我们传统的水资源利用模式再也不可持续。在防止全球或一个区域生态系统出现灾难性问题的前提下，解决人类经济社会不断发展对水资源的需求，唯一的出路只有通过管理水平的提高，促进水资源使用与配置效率的提高，从而满足经济社会的不断增长。另外，由于水资源的日益紧缺，频繁的经济活动引发的争夺水资源的事件也不断增加，需要采用政府的强制力对其进行规范。然而，水资源的流域性、区域性、重复性特点，使得它不能采取与其他自然资源一样的以市场管理为主导的管理模式，为此，《中华人民共和国水法》将水资源纳入行政管理的范畴。

2.2 水资源公共行政管理的任务

资源管理的目标有两个方面，其一是合理开发利用节约保护资源，其二是维护资源开发利用的秩序。

自然资源是人类生存与发展的先决条件，是人类社会存在与发展的基础，人类通过开发利用资源获得生存的条件与利益，但是在开发利用中由于受到利益的驱使，极易出现过度开发、浪费资源、破坏资源的情况。为了防止这种现象的发生，必须由政府进行管理。同时，在资源开发利用过程中，不可避免出现资源开发者之间的利益纠纷，从而影响社会的稳定，也必须由政府对其进行管理，维护正常的开发利用秩序。

水资源公共行政管理从另一个角度看待水资源问题，研究如何提高公共行政管理的效率，如何用有限的力量维护合理的用水秩序，如何通过管理措施，提高用水的效率，解决需求管理的问题。

水资源公共行政管理的基础有：(1)行政管理力量有多少；(2)需要行政管理的力量是多少；(3)二者如何平衡；(4)开展行政管理需要的基础工作是多少；(5)如何评价行政管理的绩效；(6)需要哪些指标；(7)行政管理的有效手段有哪些，各适用于什么范围；(8)管理的边界是什么，如何划定并用适当的方式告知公众。

2.3 水资源公共行政管理的思路

水资源管理的目的就是提高水资源的使用效率，保护水资源。

1. 当前水资源管理的方向

在当前，水资源管理就是为了加强水资源的节约与保护，强化水资源与水环境约束，不断提高水资源的利用效率和效益。

2. 当前水资源管理的基础

为了加强水资源的节约与保护，必须以强有力的管理为基础，以完善的管理体系为支撑，才能强化资源的节约与保护。

2.4 水资源公共行政管理的对象

人类对水资源的管理只有对使用方式进行管理，规范人类用水的方式，从而达

到资源的合理开发与利用，避免产生生态方面的问题。而用水的方式，主要是工业、农牧业与生活用水。我国工业现代化尚未完成，农村人口巨大，农村生产水平低下，相当一部分农村处于自然经济状态，没有完成农业工业化。而工业及城市已经基本完成了工业化，组织化程度、劳动力素质较高，具备了管理的基础条件，而农业由于其组织化程度过低，处于自然经济状态，农业以户为单位，技术装备、劳动力素质低下，难以实施有效的管理和采取严格的管制性管理，需要投入巨大的监测设施与装备力量，并需要巨大的监督力量，这都与我国当前的水资源管理力量不相符合。因此，当前水资源管理的重点应当放在城市与工业的用水管理上，而不是放在农业用水管理上。

现阶段，城市用水和工业企业用水组织化程度均已达到较高水平，已具备全面进行取用水管理的条件；而农业除了少数组织化水平较高的灌区和农业企业外，还不具备全面开展取用水管理的组织条件。城市用水以自来水的商品属性为纽带，实现了用水群体的组织化；而企业是社会化生产条件下，为了实现某种经济利益而形成的组织，因此也实现了用水的组织化。由于传统农业经济模式尚未得到根本改变，农业生产仍处于分散状态，农民的组织化程度还很低，导致农业用水行为也呈现分散、无序、低效的状况，具体来说，农业用水的计量制度、用水收费制度等都没有建立起来。因此，近期内农业用水尚不具备制度化管理的条件，工作重点应放在节水技术的示范、推广和促进农村用水组织的发展上。

2.5 水资源公共行政管理的手段

水资源公共行政管理的手段包括行政直接管理，法律规范，技术标准，技术规范，管理规范，管理规划，宣传，对非正式组织的管理、示范、推广、扶持，等。

水资源公共行政管理是在国家实施水资源可持续利用，保障经济社会可持续发展战略方针下的水事管理，设计水资源的自然、生态、经济、社会属性，影响水资源复合系统的诸方面。因而，管理方法必须采用多维手段、相互配合、相互支持，才能达到水资源、经济、社会、环境协调持续发展的目的。法律、行政、经济、技术、宣传教育等综合手段在管理水资源中具有十分重要的作用，依法治水是根本、行政措施是保障、经济调节是核心、技术创新是关键、宣传教育是基础。

1. 法律手段

水资源管理方面的法律手段，就是通过制定并贯彻执行水法规来调整人们在开发利用、保护水资源和防治水害过程中产生的多种社会关系和活动。依法管理水资源是维护水资源开发利用秩序、优化配置水资源、消除和防治水害、保障水资源可持续利用、保护自然和生态系统平衡的重要措施。

水资源采用法律手段进行管理，一般具有以下两个特点：一是具有权威性和强制性。这些法律法规是由国家权力机关制定和颁布的，并以国家机器的强制力为其坚强后盾，带有相当的严肃性，任何组织和个人都必须无条件地遵守，不得对这些法律法规的执行进行阻挠和抵抗。二是具有规范性和稳定性。法律法规是经过认真考虑、严格程序制定的，其文字表达准确，解释权在相应的立法、司法和行政机构，绝不允许对其做出任意性的解释。同时，法律一经颁布实施，就将在一定的时期内有效并执行，具有稳定性。

我国在《中华人民共和国水法》中做出了比较详细的规定，以使水资源管理实现法制化、规范化，其主要内容如下。

(1)未经批准，擅自取水的，未依照批准的取水许可规定取水的，由县级以上人民政府水行政主管部门或者流域管理机构依据职权，责令其停止违法行为，限期采取补救措施，处二万元以上十万元以下的罚款，情节严重的，吊销其取水许可证。

(2)拒不缴纳、延期缴纳或者拖欠水资源费的，由县级以上人民政府水行政主管部门或者流域管理机构依据职权，责令限期缴纳，逾期不缴纳的，从滞纳之日起加收滞纳部分千分之二的滞纳金，并处应缴或者补缴水资源费一倍以上五倍以下的罚款。

(3)拒不执行水量分配方案和水量调度方案的、拒不服从水量统一调度的、拒不执行上一级人民政府裁定的，在水事纠纷解决之前，未经各方达成协议者或者上一级人民政府批准，单方面违反本法规定改变水的现状的，对负有责任的主管人员和其他直接负责人员依法给予行政处分等。对违反国家规定的水事行为明确了依法处理的要求。

水资源管理一方面要靠立法，把国家对水资源开发利用和管理保护的要求、做法，以法律形式固定下来，强制执行，作为水资源管理活动的准绳；另一方面还要靠执法，有法不依、执法不严，会使法律失去应有的效力。水资源管理部门应主动运用法律武器管理水资源，协助和配合司法部门对违反水资源管理的法律法规的犯罪行为做斗争，协助仲裁；按照水资源管理法规、规范、标准处理危害水资源及其环境的行为，对严重破坏水资源及其环境的行为提起公诉，甚至追究法律责任；也可依据水资源管理法规对损害他人权利、破坏水资源及其环境的个人或单位给予批评、警告、罚款、责令赔偿损失等。依法管理水资源和规范水事行为是确保水资源实现可持续利用的根本所在。

我国自 20 世纪 80 年代开始，从中央到地方颁布了一系列水管理法律法规、规范和标准。目前已初步形成《中华人民共和国宪法》《中华人民共和国水法》《中华人民共和国环境保护法》《中华人民共和国水污染防治法》《中华人民共和国水土保持法》《取水许可制度实施办法》《中华人民共和国水利工程管理条例》等水管理法规体系。这些法律法规，明确了水资源开发利用和管理各行为主体的责、权、利关系，从而规范了各级、各地区、各部门及个人之间的行为，成为有效管理水资源的重要依据和手段。

2.行政手段

行政手段又称行政方法，它依靠行政组织或行政机构的权威，运用决定、命令、指令、指示、规定和条例等行政措施，以权威和服从为前提，直接指挥下属的工作。采取行政手段管理水资源主要指国家和地方各级水行政管理机关依据国家行政机关智能配置、行政法规所赋予的组织和指挥权力，对水资源及其环境管理工作制定方针、政策，建立法规、颁布标准，进行监督协调。实施行政政策和管理是进行水资源管理活动的体制保障和组织行为保障。

水资源行政管理主要包括如下内容。

(1)水行政主管部门贯彻执行国家水资源管理战略、方针和政策，并提出具体建议和意见，定期或不定期向政府或社会报告本地区的水资源状况及管理状况。

(2)组织制定国家和地方的水资源管理政策、工作计划和规划，并把这些计划和规划报请政府审批，使之具有行政法规效力。

(3)运用行政权力对某些区域采取特定管理措施，如划分水源保护，确定水功能区、超采区、限采区，编制缺水应急预案，等。

(4)对一些严重污染破坏水资源及环境的企业、交通等要求限期治理，甚至勒令其关、停、并、转、迁。

(5)对易产生污染、耗水量大的工程设施和项目，采取行政制约方法，如严格执行《建设项目水资源论证管理办法》《取水许可制度实施办法》等，对新建、扩建、改建项目实行环保和节水“三同时”原则。

(6)鼓励扶持保护水资源、节约用水的活动，调解水事纠纷等。

行政手段一般带有一定的强制性和准法制性，否则管理功能无法实现。长期实践充分证明，行政手段既是水资源日常管理的执行渠道，又是解决水旱灾害等突发事件强有力的组织手段和执行手段。只有通过有效力的行政管理，才能保障水资源管理目标的实现。

3.经济手段

水利是国民经济的一项重要基础产业，水资源既是重要的自然资源，也是不可缺少的经济资源。在管理中利用价值规律，运用价格、税收、信贷等经济杠杆，控制生产者在水资源开发中的行为，调节水资源的分配，促进合理用水、节约用水，限制和惩罚损害水资源及其环境以及浪费水的行为，奖励保护水资源、节约用水的行为。

国内外水资源管理的经验证明，水资源管理的经济方法主要包括以下 5 个方面。

(1)制定合理的水价、水资源费等各种水资源价格标准。

(2)制定水利工程投资政策,明确资金渠道,按照工程类型和受益范围、受益程度合理分摊工程投资。

(3)建立保护水资源、恢复生态环境的经济补偿机制,任何造成水质污染和水环境破坏的,都要缴纳一定的补偿费用,用于消除造成的危害。

(4)采用必要的经济奖惩制度,对保护水资源及计划用水、节约用水等各方面有贡献者实行经济奖励,对不按计划用水、任意浪费水资源及超标准排放污水等行为实行严厉的经济罚款。

(5)根据我国国情,尽快培育水市场,允许水资源使用权的有偿转让。

自20世纪70年代后期,我国北方地区出现严重的水危机,各级水资源管理部门开始采用经济手段以强化人们的节水意识。1985年国务院颁布了《水利工程水费核定、计收和管理办法》,对我国水利工程水费标准的核定原则、计收办法、水费使用和管理首次进行了明确的规定,这是我国利用经济手段管理水资源的有益尝试。

为将经济手段管理的方法纳入法制轨道,1988年1月全国人大常委会通过的《中华人民共和国水法》明确规定:"使用供水工程供应的水,应当按照规定向供水单位缴纳水费""对城市中直接从地下取水的单位,征收水资源费。"这使水资源的经济管理手段在全国内开展获得了法律保证。

4.技术手段

技术手段是充分利用科学技术是第一生产力的基本理论,运用那些既能提高生产率,又能提高水资源开发利用率,减少水资源在开发利用中的消耗,对水资源及其环境的损害能控制在最小限度的技术以及先进的水污染治理技术等,来达到有效管理水资源的目的。

运用技术手段,可以实现水资源开发利用及管理保护的科学化,技术手段包括的内容很多,一般主要包括以下几个方面。

(1)根据我国水资源的实际情况,制订切实可行的水资源及其环境的监测、评价、规划、定额等规范和标准。

(2)根据监测资料和其他有关资料,对水资源状况进行评价和规划,编写水资源报告书和水资源公报。

(3)学习其他国家在水资源管理方面的经验,积极推广先进的水资源开发利用技术和管理技术。

(4)积极组织开展水资源等相关领域的科学研究,并尽快将科研成果在水资源管理中推广应用等。

多年管理的实践证明:不仅水资源的开发利用需要先进的技术手段,而且许多水资源政策、法律、法规的制定和实施都涉及许多科学技术问题，所以，能否实现水资源可持续利用的管理目标，在很大限度上取决于科学技术水平。因此，管好水资源必须以科教兴国战略为指导，依靠科技进步，采用新理论、新技术、新方法，实现水资源管理的现代化。

5. 宣传教育手段

宣传教育既是搞好水资源管理的基础，也是实现水资源有效管理的重要手段。水资源科学知识的普及、水资源可持续利用观的建立、国家水资源法规和政策的贯彻实施、水情通报等，都需要通过行之有效的宣传教育来实施。同时，宣传教育还是保护水资源、节约用水的思想发动工作，充分利用道德约束力量来规范人们对水资源的行为的重要途径。通过报刊、广播、电视、展览、专题讲座、文艺演出等各种传媒形式，广泛宣传教育，使公众了解水资源管理的重要意义和内容，提高全民水患意识，形成自觉珍惜水、保护水、节约用水的社会风尚，更有利于各项水资源管理措施的执行。

同时，应通过水资源教育培养专门的水资源管理人才，并采用多种教育形式对现有管理人员进行现代化水资源管理理论、技术的培训，全面加强水资源管理能力建设力度，以提高水资源管理的整体水平。

6. 加强国际合作

水资源管理的各方面都应注意经验的传播交流，将国外先进的管理理论、技术和方法及时吸收进来。涉及国际水域或河流的水资源问题，要建立双边或多边的国际协定或公约。

在水资源管理中，上述管理手段相互配合，相互支持，共同构成处理水资源管理事务的整体性、综合性措施，可以全方位提升水资源管理的能力和效果。

2.6 水资源公共行政管理的主体

水资源公共行政管理的主体是法律规定的水行政主管部门。水行政主管部门是由中央和地方国家行政机关依法确定的负责水行政管理和水行业管理的各级水行政机关的总称。我国最高水行政主管部门为水利部。

2.7 水资源的定义

对于水资源的定义比较复杂，从学术的角度讲，尚没有完全公认的定义。广义的定义，一般将所有形式的水都纳入了水资源的范畴。狭义的定义，将水资源定义为地表水与地下水。广义定义的水资源无法作为水资源管理的对象，因为其中相当部分形式的水人类还不具备管理的能力，如“天上水”就无法纳入人类管理的范畴，而生物水、土壤水等更不具备管理的条件，而海水则因为其数量巨大，尚未表现出稀缺性，也不存在管理的必要，因此《中华人民共和国水法》将水资源管理范围限定在地表水与地下水，是符合上述原则的。

地表水资源的分类：由于地表水资源的存在形式比较具体，目前采用以自然形态划分水资源种类的方式，如河川径流量、湖泊储存量、冰川积蓄量等。各种资源量的自然特性以及可利用程度分别属于水文特征分析及水资源规划范畴，没有地表水资源分类的专门提法，故现在只将地表水资源分为补给资源和储存资源。

在地表水资源总量评价中，河川径流量是一个非常重要的指标，它往往用流域中有代表性的水文站实测的断面流量表示。由于人为取水等活动会使河流的天然状况发生变化，实测资料不能真实反映天然的径流过程，所以需要进行还原处理。还原的河川径流量包括了大气降水转化为地表水量，地下水出露形成的地表水量，并扣除沿途蒸发、渗漏的水量。通常所说的地表水资源量主要指这部分水量，属于补给资源。

湖泊和冰川的水交替周期要比河流长得多，其资源属性更为复杂。大型湖泊的水资源属性分为补给和储存两部分。由于湖泊和河流相连，在多年平均条件下，其补给量(包括上游入湖水量、湖面获得的降水量)与排泄量的动态平衡过程已纳入流域内部的水量平衡中，所以在流域的补给资源评价中一般不单独提出。湖泊中另一部分水量，即所谓的死“湖容”，这部分水量一般不参与多年的补、排均衡过程，属于储备资源。

地下水资源的分类：关于地下水资源的概念和分类的研究，在我国大体经历了从“四大储量”到“三种水量”再到“两种资源”的发展过程；对地下水资源的研究，大体经历了由含水层或含水岩组为研究单元变为以含水系统进行描述的过程。因此，地下水资源的分类不单纯是水量划分的形式，也反映了人们对地下水资源特性的认识程度。

2.8 水资源管理的深度、广度

水资源管理事关经济社会的可持续发展，事关人类的生命健康，事关生态环境的良性循环，事关经济社会的正常运转，涉及范围较广，因此有必要研究管理的幅度与深度问题。由于行政管理的力量是相对固定的，在一定的时期内，管理的宽度与深度是成反比的。过宽的管理幅度，必然导致管理深度不够，导致大量的管理流于形式。水资源管理涉及文化、教育、经济、法律与行政等方面，而实际上管理力量是无法涉及如此广泛的幅度的，因此，真正加强水资源的管理，应当以行政管理为主，深化行政管理，从而避免管理力量过于分散，导致管理流于形式。

在一般的工作中，我们不太注意这一问题，经常提出过深或过宽的管理要求，从而导致基层工作失去方向，干扰了工作的正常进行，而要求的幅度或广度也常常达不到目的，降低了工作的质量。

2.9 水资源公共行政管理的依据

由于水日益成为一种重要的经济与生存资源，如果不将其纳入公共行政管理的范畴，必将带来混乱，因此必须进行管理。

1. 实行水资源公共行政管理符合水资源的自然属性

水资源具有循环可再生性、时空分布不均匀性、应用上的不可替代性、经济上的利害两重性等特点，而循环可再生性是水区别于其他资源的基本自然属性。水资源始终在降水—径流—蒸发的自然水文循环之中，这就要求人类对水资源的利用形成一个水源—供水—用水—排水—处理回用的系统循环。

流域是河流集水的区域，水作为流域的一种天然资源，是连接整个流域的纽带。依靠水的流通，全流域被联通起来，从而形成流域的开放性整体发展格局。流域内不管上游、中游、下游，还是支流、干流，都是一条河流不可分割的组成部分，它们与河流的关系，是部分与整体的关系，相互之间有密切的利害关系。上游的洪水直接威胁到下游；下游的河槽状况和泄洪是否畅通，也直接影响到上游的供水水位，事关防洪的大局。上游的污染直接危害下游；下游的经济社会越发展，也越需要上游来水的水量和水质符合使用要求。如果只顾自己的利益，不顾他人利益，例如上游任意截取水量，向江河下游任意排污，向下游转嫁洪水危机等，都违背了水资源的自然属性和水资源利用的一般规律，破坏了水生态循环系统，其结果会危害整个流域，最终也会危害自己。因此，江河的防洪、治理、水环境保护等，不管是上游、中游、下游，还是支流、干流，或者是左岸、右岸，都要从整个流域出发，实行流域的公共行政管理。要实现人与水的协调与和谐，必须根据水的自然属性，把水的作用作为一个完整的系统进行公共行政管理，协调好供水、用水、排水各环节的关系，在不违背水的自然规律基础上，统一规划，合理布局，充分利用水资源的良性循环再生，实现水资源的可持续利用。

2. 水资源公共行政管理是确保经济社会可持续发展的必然选择

水是生命之源，也是农业生产和整个国民经济建设的命脉。中国经济的快速发展，现代农业、现代工业特别是高新技术产业、旅游服务业的蓬勃兴起，对水质、水环境及水资源的可持续利用提出了越来越高的要求。社会经济的可持续发展需要水资源可持续利用作为基本的物质支撑。水资源的可持续利用是指“在维持水的持续性和生态系统整体性的条件下，支持人口、资源、环境与经济协调发展和满足代内、代际人用水需要的全部过程”，它包括两层含义：一是代内公平和代际公平，即现代人对水资源的使用要保证后代人对水的使用至少不低于现代人的水平；二是区域之间的公平取水权，即上下游、左右岸之间水资源的可持续利用。在现有的流域管理体制下，各用水户受自身利益影响，用水考虑的是自我发展的需要，不会主动考虑他人及后代人的需要，因而有必要建立一个权威机构，依据流域的总体规划和政策，推动用水成本内部化和水权市场化，对区域的水权、水事活动等进行配置、监控、协调，这样才能实现水资源可持续利用，满足全流域社会经济可持续发展的要求。

3.水资源公共行政管理提高水管理的效率

水资源管理是一个庞大而复杂的系统工程，它是水系统、有关学科系统、经济和社会系统的综合体。它既受自然环境的影响，又受社会发展的影响，它涉及自然科学与社会科学的众多学科和业务部门，关系十分复杂。水资源系统是一个有机的整体，而体制上的分割管理破坏了水资源有机整体、地面水和地下水分割管理，供水、排水分割，城乡供水分治，工农业用水分割管理等，都严重阻碍了水资源的协调发展、合理调度和有效管理。水资源公共行政管理对提高水资源管理效率、实现水系统的良性循环具有重要的意义。

在水资源短缺问题日益严重的情况下，强化节约用水，优化配置水资源，不仅要依靠行政、法制、科技手段，而且要采取经济手段。发挥市场机制的作用，迫切需要解决水资源开发利用中的产权归属、收益、经营问题，需要解决用水指标、定额、基本水价、节水奖励、浪费处罚问题等。只有深入探索和研究水权、水市场、水价、水环境的相关理论，将理论与实践相结合，才有可能从全局出发统筹解决这些问题。

4.水资源公共行政管理有利于水资源高效配置

一般来说，在一个较大的流域内，沿河道有许多不同的行政区域，行政区域是政治、文化、经济活动的单元，出于本位利益的考虑，在水资源的利用上总是追求自身利益的最大化。在没有进行流域管理的情况下，各行政区域拥有水资源的配置权，可以在本区域内不同行业自行配置取水量。其结果，水的利用可能在各区域内实现利益最大。但从全流域看，水的使用效率并不高，不可能达到最优状态。而以流域为单元对水资源进行公共行政管理，根据各区域不同的土地、气候、人力等资源与产业优势，从流域的全局出发，依据流域的水资源特点，权衡利弊，统筹安排，可实现水资源高效配置。流域管理是在协商的基础上合理分配流域水资源，限制高耗水产业的发展，提高水资源的使用效率，可使有限的水资源发挥最大的效益。此外，流域管理将从全流域的角度出发，制定出合理的有偿使用制度和节水机制，通过流域管理机构监督上、下游地区执行，避免了各区域政府从自身利益出发，各自为政的状况。

流域是一个由水量、水质、地表水和地下水等部分构成的统一整体，是一个完整的生态系统。在这个生态系统中，每一个组成部分的变化亦会对其他组成部分的状况产生影响，乃至对整个流域生态系统的状况产生影响。由流域的这种整体性特点所决定，在流域的开发、利用和保护管理方面，只有将每一个流域都作为一个空间单元进行管理才是最科学、最有效的。因为在这个单元中，管理者可以根据流域上、中、下游地区的社会经济情况、自然环境和自然资源条件，以及流域的物理和生态方面的作用和变化，将流域作为一个整体来考虑开发、利用和保护方面的问题。这无疑是最科学、最适合流域可持续发展之客观需要的。

5. 水资源公共行政管理是国际普遍趋势

水的最大特征是流动性，水的流动性决定了它的流域性。流域是一个天然的集水区域，是一个从源头到河口、自成体系的水资源单元，是一个以降水为渊源、以水流为基础、以河流为主线、以分水岭为边界的特殊区域概念。水资源的这种流动性和流域性，决定了水资源按流域统一管理的必然性。一个流域是一个完整的系统，流域的上中下游、左右岸、支流和干流、河水和河道、水质与水量、地表水与地下水等，都是该流域不可分割的组成部分，具有自然统一性。依据水资源的流域特性，发展以自然流域为单元的水资源统一管理模式，正为世界上越来越多的国家所认识和采用。国外流域管理的一个鲜明特点是注重流域立法。世界各国都把流域的法制建设作为流域管理的基础和前提。流域管理的法律体系包括流域管理的专门法规和在各种水法规中有关流域管理的条款。当前，加强和发展流域水资源的统一管理，已成为一种世界性的趋势和成功模式。

2.10 水资源管理的主要制度

依法治国，是我国《中华人民共和国宪法》所确定的治理国家的基本方略。水资源关系国民经济、社会发展的基础，在对水资源进行管理的过程中，也必须通过依法治水才能实现水资源开发、利用和保护的目的，满足经济、社会和环境协调发展的需求。

2.10.1 取水许可制度

2.10.1.1 取水许可制度

取水许可制度是水资源管理的基本制度之一，法律依据是水资源属于国家所有，体现的是水资源供给管理思想，目的是避免无序取水导致供给失衡。

做好许可管理需要具备下列条件：

(1)符合水资源管理要求的规划；

(2)根据规划编制的供水计划；

(3)用户需水量是清楚的、可统计的，其需求是可以预测的；

(4)政府对用户用水的合理性是可以判断的；

(5)来水是可以预测的;

(6)有明确系统的操作规范与完整的技术标准。

取水许可制度是为了促使人们在开发和利用水资源的过程中,共同遵循有计划地开发利用水资源、节约用水、保护水环境等原则。此外,实行取水许可制度,也可对随意进入水资源的行为加以制约,同时也可对不利于资源环境保护的取水和用水行为加以监控和管理。取水许可制度的主要内容应包括:(1)对有计划地开发和利用水资源的控制和管理;(2)对促进节约用水的规范和管理;(3)对取水和节约用水规范执行状况的监督和审查;(4)规范和统一水资源数据信息的统计、收集、交流和传播;(5)建立取水和用水行为的奖惩体系。

取水许可制度的功能发挥,关键在于取水许可制度的科学设置,以及取水许可的申请、审批、检查、奖惩等程序的规范实施。

取水许可属于行政许可的一种,其目的是维护有限水资源的有序利用,许可的相对物是取水行为,包括取水规模、方式等,属于取水权的许可,而不是取水量的许可。取水权的基本含义应为正常自然、社会经济条件下,用水户以某种方式获取一定水资源量的权利。它包含以下几层含义:(1)取水权的完全实现是以自然、社会经济条件的正常为前提的,在特殊情况下,政府有权力为了保障公众利益和整体利益启动调控措施,对取水权进行临时限制;(2)取水权所包含的取水量是正常条件下用水户取水规模的上限;(3)取水权不仅仅是量的概念,还包含取水方式、取水地点等取水行为特征;(4)政府依法启动调控措施时,须采取措施降低对用水户的影响,如提前进行预警、适当进行补偿等。

国内外水资源开发利用实践充分证明:提高水资源优化配置水平和效率,是提高水资源承受能力的根本途径;实施和完善取水许可制度,是提高水资源承载能力的一项基本措施。实施取水许可制度,在理论和实践上,应首先考虑自然水权和社会水权的分配问题,也就是社会水权的总量、分布与调整问题。完善取水许可制度,实质上就是加强取水权存量管理,提高水资源承载能力和优化配置效率;加强宏观用水指标总量控制和微观用水指标定额管理,促进计划用水、节约用水和水资源保护;建立水资源宏观总量控制指标体系和水资源微观定额管理指标体系,提高水资源开发利用效率。

取水许可制度,这是大部分国家都采用的一种制度。从各国的法律规定来看,用水实行较为严格的登记许可制度,除法律规定以外的各种用水活动都必须登记,并按许可证规定的方式用水。取水许可制度除了规定用水范围、方式、条件外,还规定了许可证申请、审批、发放的法定程序。

1949 年新中国成立以后,我国曾长期实行计划经济,通过计划调配手段配置资源。除在《中华人民共和国宪法》中对自然资源的所有权做过明确外,对水资源开发利用和管理中的权利与义务及管理制度缺乏具体规范。进入20世纪80年代，由于经济社会的发展，用水量增加，特别是北方地区水资源供需矛盾日趋严重，为适应要求，各地各级政府开始探索建立包括水资源调查评价、取水管理等加强水资源管理的制度，为制定水法律奠定了基础。

1988年，《中华人民共和国水法》颁布实施。在总结水资源开发利用和管理的经验教训的基础上，《中华人民共和国水法》设立了一系列水资源管理制度。《中华人民共和国水法》规定了取水许可和征收水资源费的制度。1993年，我国又颁布了《取水许可制度实施办法》，对通过取水许可获得的权利和义务、获取程序和监督管理等都做了规定，我国的取水开始走上法制化的道路。

在取水许可方面，我国在《中华人民共和国水法》中规定，除家庭生活和零星散养、圈养畜禽饮用等少量取水外，直接从江河、湖泊或者地下取用水资源的单位和个人，应当按照国家取水许可制度和水资源有偿使用制度的规定，向水行政主管部门或者流域管理机构申请领取取水许可证，并缴纳水资源费，取得取水权。实施取水许可制度和征收管理水资源费的具体办法由国务院规定，国务院水行政主管部门负责全国取水许可制度和水资源有偿使用制度的具体实施。用水应当计量，并按照批准的用水计划用水。用水实行计量收费和超定额累进加价制度。

2.10.1.2 建设项目水资源论证制度

1.项目成立的基础与前提

建设项目必须符合行业规划与计划，符合国家有关法规与政策，要对节水政策、宏观调控政策以及环境保护方面的政策加以特别关注，重大建设项目必须得到有权批准部门的认可。

2.项目取水合理性的前提

符合水资源规划，包括水资源的专业规划；符合取水总量控制方案以及政府间的协议，上级政府的裁决；以上前提必须以有效文件为准；需要工程配套供水的，应当与工程实施相衔接。

目前所遇到的困难如下：

(1)水资源规划依据不足，主要是水资源规划基本上以建设为主要内容，对水资源管理的需要考虑过少，难以作为论证的依据；

(2)水资源规划层次性不强，省级规划常常过于具体，无法适应现在快速发展的社会的需要，导致规划与现实脱节。

3.项目取水本身的合理性

这是传统的审查内容，主要是把握水源的供给能力，一般水利部门审查这一方面内容没有问题，有明确的规范与标准。但现在最大的问题是规划与实际脱节，如许多水库灌区实际上已经不再依靠水库灌溉，但水利部门往往不对水库功能进行调整，导致从功能上审查，水库已经无水可供，但实际水库水量大量闲置；还有建设项目提出的保证率往往高于实际需要，如城市供水，按规范要求，大城市保证率要大于95%，但实际上供水时保证率要求没这么高，同时真正不可或缺的生活饮用水只占城市供水的极小部分；实际上已经成为房子，但管理部门的图纸上仍然是农田。论证单位由于对自己的地位把握存在问题，常常通过“技术处理”解决这一问题，这是我们审查时要注意的。

4.项目用水的合理性

这是目前审查中较为薄弱的一块，根据水资源论证制度的本意，就是通过这一制度，强化水行政主管部门对用水进行管理，它的内涵十分丰富，但基本上被忽略了。根据它的要求，审查应当审查到具体工艺、设备和流程，但实际操作中，基本没有涉及，是需要加强的一个大类。

几种用水方式：

(1)冷却方式的选择(直流与循环冷却)、换热器效率(换热系数)、冷却塔损耗；

(2)洗涤方式：顺流洗涤与逆流洗涤、串联洗涤与并联洗涤、多级洗涤与一次洗涤；

(3)水的串用、回用；

(4)设备选型；

(5)工艺选型(是否可以采用无水或少水工艺——考虑其经济成本)。

一般来说，比较的方式有同等工艺比较、定额比较、总量比较等方法，比较深入的有对用水每个环节进行用水审查(这已达到用水审计的深度，目前还没有能力使用)。

5.退水的合理性

主要应当根据水功能区和河道纳污总量进行审查，相对比较简单。对于可以纳入污水管网的，一般要求纳入污水管网。

审查时对照有关政策与法规，并对照有关技术规范与标准。

6.其他要求

在审查中要特别注意：

(1)要实事求是，坚决反对所谓“技术处理”；

(2)严格按照规范操作，对于取水水量或保证率达不到要求的，要按照实际情况写明，这是对项目或业主真正的负责；

(3)不要盲目地套用建设项目的行业标准，因为建设项目是否符合其行业标准，是业主思考或解决的问题，而对于审查方来说，主要是要明确其取水的合理性以及其取水是否影响其他合法取水者的权益，所以，不能盲目套用其他行业的规范，甚至搞“技术”处理。

(4)要正确理解《中华人民共和国水法》规定的取水顺序，河网、河道等开放水域实际上不存在取水的优先顺序，因为我们目前的管理手段是无法按优先顺序管理取水的，所以只能计算实际可达的保证率；同时，对于城市供水的保证率是值得商榷的，因为没有必要对城市总用水量按规范规定的保证率供水，城市总用水量并不享有《中华人民共和国水法》规定的优先权，而其中的生活饮用水才享有优先权。

(5)要充分注意论证的依据问题，目前大多数论证缺乏对自己所依据资料的验证与取舍，并且常常不提供依据的证明文件，这容易造成结论的错误。

建设项目水资源论证的定位和重点：

建设项目水资源论证工作是改变过去"以需定供"粗放式的用水方式，向"以供定需"节约式的用水方式转变过程中的一项重要工作。建设项目立项前进行水资源论证，不仅可以促使水资源的高效利用和有效保护，保障水资源可持续利用，减低建设项目在建设和运行期的取水风险，保障建设项目经济和社会目标的实现，而且可以通过论证，使建设项目在规划设计阶段就考虑处理好与公共资源——水的关系，同时处理好与其他竞争性用水户的关系。这样，可以使建设项目顺利实施，即使今后出现水事纠纷，由于有各方的承诺和相应的补偿方案，也可以迅速解决。对于公共资源管理部门，通过论证评审工作可以使建设项目用水需求控制在流域或区域水资源统一规划的范围内，从源头上管理节水工作，保证特殊情况下用水调控措施的有序开展，保证公共资源——水、生态和环境不受大的影响，使人与自然保持和谐相处。所以，建设项目的论证工作对于用水户和国家都十分重要，是保证水资源可持续利用的重要环节。

建设项目水资源论证目的可归纳为：

(1)保证项目建设符合国家、区域的整体利益；

(2)从源头上防止水资源的浪费，提高用水效率；

(3)为特殊情况下，政府的用水调控提供技术依据；

(4)为实现流域(区域)取水权审批的总量控制打下基础；

(5)预防取用水行为带来的社会矛盾。

为取水主体提供取水风险评估和降低取水风险措施的专业咨询，以便于取水主体在项目建设前把水资源供给的风险纳入项目风险中进行考虑。

因此，落实好建设项目水资源论证制度既服务于水资源管理，服务于公共利益，也服务于取水主体利益。为实现上述目标，建设项目水资源论证应包括以下主要内容：

(1)建设项目是否符合国家产业政策、区域(流域)产业政策和水资源规划。

建设项目的取水量是否合理，从技术和工艺层次上分析其用水效率，做横向的对比(配套节水审批)。同时，对项目的用水特点进行详细的分析，按照生活用水量、生产用水量(需要细分)、景观用水等进行归类,制定出企业不同优先等级的用水量。

(2)流域取水权剩余量是否能满足建设项目的取水权申请。利用过往水文资料,评估取水户不同等级用水量的风险度,分析其对企业所带来的风险损失。在此基础上,提出降低企业用水风险的应对措施。

受经济利益的影响,水资源论证资质单位缺乏技术咨询机构的独立性,往往成为业主单位利益的代言人。出现这种现象的深层次原因,是建设单位往往把水资源论证视为项目建设的门槛,而没有认识到取水风险是项目建设、运行所必须面对的主要风险之一。而这背后又是由于项目建成后的用水往往较少按照论证报告严格执行,在突破取水权的情况下受到的惩罚较小,以致企业漠视取水风险。因此,解决这个问题必须加强对取水户的取水监控,加大超许可取水的惩罚力度,在此基础上,加强论证单位资质管理,提高水资源论证资质单位的职业道德,对项目报告质量多次达不到要求的,要降低资质等级,直至撤销论证资质。对论证报告进行咨询分析属于政府行使行政审批职能的一部分,其费用应纳入政府的行政经费预算中,不应由业主单位负责。政府部门则可通过打包招标的方式,确定每年建设项目水资源论证报告的咨询单位,提高报告咨询质量。目前的水资源论证内容和方式不适应水资源管理工作的深入开展。应加强水资源论证负责人和编制人员的培训,明确各资质单位开展水资源论证的主要目的,改变现有水资源论证基本套路,从而更好地为水资源管理服务。

2.10.1.3 计划用水制度

1.计划用水的前提或理论依据

理论上讲,计划用水是一种有效提高水资源利用效率的手段。计划用水有两种假设:一是由于水价受到种种因素的制约,使得人们节约用水在经济上并不划算或者收益较小,节水的动力不足;二是受到水源供水能力的制约,政府不可能提供足够的水量满足所有用户的需求,为此不得不采取按可供能力分配的手段,从而实现供需的平衡。第一种情况是普遍的,用户在使用资源时,必然进行经济上的比较。一般认为价格与需求量成反比,只要提高价格就能起到节约用水的效果,这是受到微观经济学供需平衡曲线的影响。实际上,经济学研究证明,价格与需求是否成反比还决定于弹性,只有富有弹性的商品,这种关系才成立。对于弹性较差的商品,这种关系并不成立,或者关系并不明显。对于刚性商品,这种关系完全不存在。其实,对于一个企业来说,它使用的资源较多,而决定企业成本的并不是每种资源的价格,而是各种资源的总费用。一种情况是资源价格尽管高,但如果其使用量不大,那么其总费用较低,在这种情况下,价格对节约起的作用仍然是微乎其微的。另一种情况是由于水是一种较易取得的资源,而且是一种用途极其广泛的资源,其价格不可能太高，而且远远无法达到企业的成本敏感区。因此，为了促进节约用水，须采取行政干预的手段，即下达用水计划，强制企业节约用水。以上的论述从理论上讲是正确的。

2.计划用水制度的困难

计划用水制度的操作性存在问题，影响了它的适用范围。首先，计划用水的计划如何制订，一般认为计划用水可以依靠用水定额科学地制订，从而核定每一用户的合理用水总量。然而，这种方法存在一个最大的问题，那就是科学地核定用水定额。我国已成为世界制造业大国，产品种类繁多，不胜枚举，任何的定额必然不可能穷尽所有的产品，从而使得这一做法存在天然的漏洞。其次，任何一种产品的定额制订需要一定的周期，而在产品更新如此快的时代，一种产品定额尚未制订出来而产品已经更新的可能性非常大，无法跟上产品的变化节奏。最后，使用产品定额核定企业用水总量，必须全面掌握企业产品生产的计划与过程，但这不仅牵涉商业机密问题，而且需要巨大的工作量，牵涉到巨大的行政管理力量。计划用水应当适用于较小范围的，相对单纯，或者说共通性较强的产品。它不适合全面推行。

2.10.1.4　节水“三同时制度”

《中华人民共和国水法》及其配套法规明确了节约用水的“三同时制度”，明确了建设项目的节约用水设施必须与主体工程同时设计、同时建设、同时投入使用。从而从工程建设上避免了重主体工程、轻节水设施的问题，保证了建设项目节水工作的到位。

从目前情况来看，节水“三同时制度”执行情况并不理想，各级水行政主管部门并未对建设项目的节水设施进行有效管理，迫切需要加强。

当前节水“三同时制度”执行较差的原因，首先是缺乏相关的配套制度，由于建设项目用水情况的复杂性，对建设项目节水设施的管理也较为复杂，导致管理部门无力进行实质性的管理。其次，节水设施实际上与用水设施难以截然区分，针对某一具体项目如不对其用水工艺、设备进行实质性审查，很难确定其用水是否合理，或者说是否符合节水要求。再次，目前采用的节水管理相关的技术规范难以对建设项目用水效率进行实际的、有效的控制。目前常用的用水定额标准就因产品种类较多、生产工艺复杂，难以达到有效覆盖，哪怕已经制定的定额也因标准浮动幅度过大，难以对用水水平进行法律上有效的控制。最后，目前节水“三同时制度”还缺乏相应的管理标准，对如何保证同时设计、同时施工、用时投入使用还缺乏相应的具体规定，导致这一制度并未得到有效实施。

2.10.2　水资源有偿使用制度

水资源有偿使用制度是水资源管理的基本制度之一，法律依据是水资源属于国家所有，是国家对水资源宏观调控重要的手段，而不是为了体现水资源的国家占有，它的内涵不仅仅是水资源费，还可以有其他有偿使用制度或规定，是调控水价的重要手段。在一定意义上，它有资源税的含义，在资源紧缺地区，它可以相应地采用较高的标准，在资源丰富的地区，它可以采用较低的标准，甚至不需要交纳费用；可以采取不同的行业政策，对限制行业采用较高的标准，对鼓励行业采用低费率或零费率，甚至是负费率政策；它的合理运用，是水资源部门配置的强大市场手段，目前这项政策这方面的作用没有得到充分认识，处于不自觉运用阶段。

2.10.3 水功能区管理制度

2.10.3.1 入河排污口管理制度

随着经济社会的快速发展，排入江河湖库的废污水量也随之不断增加。根据2003年度《中国水资源公报》，2003年全国污水排放量约为680亿吨。在河道、湖泊任意设置排污口已经造成极大的危害：(1)废污水排放量逐年增加，严重污染水体，加剧水资源短缺。从1997年到2003年，废污水排放量分别为584、593、606、620、626、631、680亿吨。这些年来，北方地区河流有水皆污，丰水地区守在河边找水吃，许多城市被迫放弃附近的水源而另外寻找新水源。如上海市曾经多次上移城市取水口，牡丹江市、哈尔滨市城市供水水源地都因为污染而另外建设新的水源地。南方丰水地区河流湖泊也受到污染。如长江干流沿岸城市附近水域形成数十千米的岸边污染带，南京附近的长江干流附近取水口与排污口犬牙交错，严重影响了供水安全。2003年淮河流域水资源保护局对全流域(不包括山东半岛地区)的入河排污口进行调查，共查出966个入河排污口，淮河水体受到严重污染，成为全社会关注的焦点。水污染严重影响了人民群众的身体健康和生产生活。由于水污染引起的上下游之间的水事纠纷近年来也有增长的趋势。(2)危及堤防安全，影响行洪。一些排污企业未经批准，随意在行洪河道偷偷设置入河排污口，对堤防和行洪河道的安全构成潜在的威胁。当发生洪水时，污水将随着洪水蔓延，扩大了污染区域，也使洪水调度决策更加复杂。

1988年颁布的《河道管理条例》对入河排污口的管理做出了一些规定，但在具体实施中显得力度不够。因此，2002年修订通过的《中华人民共和国水法》第三十四条明确规定："在江河、湖泊新建、改建或者扩大排污口，应当经过有管辖权的水行政主管部门或者流域管理机构同意。"依法对入河排污口实施监督管理，是保护水资源，改善水环境，促进水资源可持续利用的重要手段；是落实《中华人民共和国水法》确定的水功能区划制度和饮用水水源保护区制度的主要措施。因此，2005年1月1日，水利部颁布了《入河排污口监督管理办法》。

《入河排污口监督管理办法》主要规定了以下制度和措施：一是排污口设置审

批制度。按照公开、公正、高效和便民的原则，对入河排污口设置的审批分别从申请、审查到决定等各个环节做出了规定，包括排污口设置的审批部门、提出申请的阶段、对申请文件的要求、论证报告的内容、论证单位资质要求、受理程序、审查程序、审查重点、审查决定内容和特殊情况下排污量的调整等。二是已设排污口登记制度。《中华人民共和国水法》施行前已经设置入河排污口的单位，应当在本办法施行后到入河排污口所在地县级人民政府水行政主管部门或者流域管理机构进行入河排污口登记，由其逐级报送有管辖权的水行政主管部门或者流域管理机构。三是饮用水水源保护区内已设排污口的管理制度。县级以上地方人民政府水行政主管部门应当对饮用水水源保护区内的排污口现状情况进行调查，并提出整治方案报同级人民政府批准后实施。四是入河排污口档案和统计制度。县级以上地方人民政府水行政主管部门和流域管理机构应当对管辖范围内的入河排污口设置建立档案制度和统计制度。五是监督检查制度。县级以上地方人民政府水行政主管部门和流域管理机构应当对入河排污口设置情况进行监督检查。被检查单位应当如实提供有关文件、证件和资料。监督检察机关有为被检查单位保守技术和商业秘密的义务。

为了保证以上制度的有效执行，《入河排污口监督管理办法》还规定了违反上述制度所应承担的法律责任。

建设项目需同时办理取水许可手续的，应当在提出取水许可申请的同时提出入河排污口设置申请；其入河排污口设置由负责取水许可管理的水行政主管部门或流域管理机构审批；排污单位提交的建设项目水资源论证报告中应当包含入河排污口设置论证报告的有关内容，不再单独提交入河排污口设置论证报告；有管辖权的县级以上地方人民政府水行政主管部门或者流域管理机构应当就取水许可和入河排污口设置申请一并出具审查意见。

依法应当办理河道管理范围内建设项目审查手续的，排污单位应当在提出河道管理范围内建设项目申请时提出入河排污口设置申请；提交的河道管理范围内工程建设申请中应当包含入河排污口设置的有关内容，不再单独提交入河排污口设置申请书；其入河排污口设置由负责该建设项目管理的水行政主管部门或流域管理机构审批；除提交水资源设置论证报告外，还应当按照有关规定就建设项目对防洪的影响进行论证；有管辖权的县级以上地方人民政府水行政主管部门或者流域管理机构在对该工程建设申请和工程建设对防洪的影响评价进行审查的同时，还应当对入河排污口设置及其论证的内容进行审查，并就入河排污口设置对防洪和水资源保护的影响一并出具审查意见。

2.10.3.2 纳污能力核定制度

2002年修订的《中华人民共和国水法》明确提出：在划定水功能区后要对水域

纳污能力进行核定，提出限制排污总量意见，在科学的基础上对水资源进行管理和保护。它从法律层次上不仅肯定了河流纳污能力的有限性，而且规定了保护水资源的底线目标，即对向河流排污的管理必须以河流纳污能力为基础，入河排污量超过纳污能力的应当限期削减到纳污能力以下，尚未超过的不得逾越。

纳污能力核定制度是水功能区管理的一种基本手段，目的是控制水污染。这是水行政主管部门首个比较明确的制度，使得在水质上面有法定依据的发言权。

从理论上讲，河道纳污能力与季节、水量、河道形态、生态结构以及污染源的分布、排放方式、排放规律有关，不是一个确定的值；不同的污染物其纳污总量是不同的，而污染物是无法穷尽的。

2.10.3.3 水功能区管理制度

早在20世纪50年代，我国就进行了水利区划工作，它是综合农业区划的重要组成部分，主要是摸清自然情况，针对不同地区的水利开发条件、水利建设现状、农业生产及国民经济各部门对水资源开发的要求进行研究分析，加以分区，提出各分区充分利用当地水土资源的水利化方向、战略性布局和关键性措施，为水利建设提供依据。20世纪80年代国家又进行了全国水利区划分区工作，这次比20世纪50年代的更加全面、完整，并发布了《中国水利区划》。

20世纪80年代末，首次进行了全国七大流域水资源保护规划工作，水功能区划作为规划的主要工作内容，第一次比较系统地进行了功能分区和水质保护目标的确定，区划的目的主要是考虑水质保护要求。这次规划的任务由水利部和国家环保局共同下达，水功能区划以实现水质保护目标的要求为首要任务，符合当时的实际情况和认识水平。

1999年起，根据国务院的“三定”方案，水利部组织进行了第二次全国水资源保护规划，这次规划将水功能区划列为突出的工作，历时4年之久，区划的规模、范围，以及参与区划的工作人员、各级领导重视程度都是前所未有的。这次区划提出了水功能区的两级区划11分区的基本划分方法：两级区划即一级区划和二级区划；一级区划是水资源的基本分区，分为保护区、保留区、开发利用区、缓冲区，二级区划在一级区划的开发利用区内进行，分为饮用水源区、工业用水区、农业用水区、渔业用水区、景观娱乐用水区、过渡区、排污控制区。明确提出了各级区划的具体分类指标。区划成果由水利部组织审查，并由水利部发文公布《中国水功能区划（试行）》。

新《中华人民共和国水法》公布后，水利部又组织制定了《水功能区管理办法》，并进一步组织修改补充《中国水功能区划（试行）》，目前正在报国务院批准。同时水利部还组织各流域机构编制了水功能区确界立碑项目建议书。

这是水资源管理的一项基本制度；它的本意是规定某一水域或水体的使用功

能;它是水资源开发利用的主要依据,但常常被理解为单纯的水资源保护的依据,甚至理解为仅仅是江河水质管理的依据;它实际上是一种标准,但常被理解为规划。

主要管理内容:(1)规划或建设项目的依据;(2)江河水质监测特别是评价的依据;(3)入河排污口审查审批的依据;(4)江河纳污能力核定的依据。

目前管理手段与制度还比较缺乏。要真正实现水功能区管理的目的,使其成为水资源管理的重要手段,成为水资源开发利用的重要依据和水资源可持续利用的重要举措,仍存在以下几方面的不足。

1.管理的目标仍然太窄,仍局限在水质保护方面

一直以来,水行政主管部门组织的水功能区划,基本都局限在水资源保护方面,针对的是水污染问题,跳不出水质保护的框架。公布的区划结果,一般都是功能区名称、范围及水质保护目标,与环保部门的工作出现重复,并未体现水行政主管部门的职责,即从水资源的综合利用、可持续利用的高度来确定水域的主要功能用途。目标太窄或定位太低,是水功能区管理存在的最大不足。

2.水功能区管理的意义、作用没有得到正确认识

水利部党组审时度势,从国家水安全利用、国家经济振兴的高度出发,提出了新的治水思路。要实现治水思路的根本调整,必须要有具体的、可操作性强的措施,抓住水功能区管理,就是实现治水战略调整的核心。因为水功能区是一项最综合的指标,可以说,所有的水资源开发、利用、保护都与水体功能有关,一旦水体某项要素不符合功能设定的要求,就要丧失使用价值,出现水的供求矛盾甚至危机。无论20世纪50年代起开始的水利化区划,还是20世纪80年代后开始的水功能区划,都没有得到很好的实施,也没有真正认识和理解水功能区的作用和价值,造成水资源开发利用的很大浪费,有些损失甚至是无法挽回的。如在通航优良的河道上建坝,因为缺乏水功能区管理,建设单位根本不顾及通航要求,拦河建坝不修船闸,层层梯级开发使黄金通航水道彻底丧失;又如在20世纪50年代就规划大型水利枢纽的位置,由于缺乏整个流域或区域的水功能区划与水功能区管理,以致良好的坝址丧失价值;如城市给水与排水问题、渔业养殖与水质保护问题、防洪筑堤与生态保护问题、滞洪区与经济社会发展问题等,都可归纳为缺乏有效可行的水功能区管理而造成的。

3.水功能区管理的投入机制并未建立,实施管理的困难大

实施水功能区管理,需要有稳定的投入,它不像其他的行政审批制度,也不像某项工程任务,有一次投入即可。水功能区管理的支出包含两大部分:(1)用于维护水功能正常发挥作用;(2)用于监督管理水功能区,如水功能区要素监测,流量、水位、水质等指标的实时监测,水功能区设施的建设,信息化的建立与运转等。过

去与现在，尚未建立起投入机制，这是目前最紧迫的问题。水功能区管理的可达性很大程度上依赖于投入的稳定程度。

4.管理的目标单一，不能全面反映水功能区的要求

现行的水功能区划结果，实质上仅提供了实现水功能的水质目标，而其他关键性指标，如流量、水位、流速、泥沙及生态保护方面（如功能区内的用水量、水资源承载能力、水环境承载能力等）的基本指标，均是衡量水功能能否正常发挥作用的关键指标，但目前还是空缺，这对水功能区管理是十分不利的。

2.10.4 水资源规划制度

规划是管理重要的技术依据，从技术出发，目的是合理开发利用与保护水资源，主要的做法是摸清资源赋存状况，再根据可供水资源与水资源需求，达到供需平衡。在无法平衡的情况下，开发新工程或对需求进行管理，达到水资源的供需平衡，达到水资源效益的最大化，从而在技术上保证水资源最合理的利用或保护。但这种规划有一个最大的问题，由于它的提出是从技术层面出发的，所提出的管理要求，也是从属于技术的，是为了保证技术层面规划的结果能够真正得到实现，但从实际执行的结果来看，水资源技术规划执行的效果并不理想，还是存在着管理与实际脱节问题，特别是在管理措施的落实方面，同时这类规划也无法为管理提供明确的措施与手段。这类规划还有比较严重的问题是无法进行需求管理。

2.10.5 水资源公共危机管理

目前的水资源管理体系对公共水资源危机做了一些规定，但不够系统，某些规定并不是针对公共危机事件的。水资源公共危机应当定义为突发事故引发的危机，而不包括区域性、阶段性、长期性问题导致的水资源供给问题。因为两类事件处理的方式、可能引发的后果、造成的影响都有极大的区别。如果不进行正确与严格的划分，会混淆概念，影响处理效果。

水危机管理，即水管理中的非常规情况的管理，一般指洪涝、干旱灾害或重大水环境灾害等发生时的管理。在水危机的情况下，一般市场的手段不能有效解决危机，因此，在发生危机时，政府将主导危机管理。从这点出发，我国的水危机管理的体制安排是比较有效的。水危机管理是水管理中十分关键的组成部分，其成功与否直接影响经济的发展和社会的稳定。

2.10.6 水资源应急管理

突发事件是指在一定区域内突然发生的、规模较大且对社会产生广泛负面影响的、对生命和财产构成严重威胁的事件和灾难。水资源突发事件应急管理则是

为了降低水资源突发事件的危害，基于对造成突发事件的原因、突发事件发生和发展过程以及所产生的负面影响的科学分析，有效集成社会各方面资源，采用现代技术手段和现代管理方法，对突发事件进行有效的应对、控制和处理的一整套理论、方法和技术体系。

这里的水资源事件不再单纯地指自然界发生的与水有关的灾害，而是对社会具有负面影响的灾害性自然现象或人为事故，如：江河洪水、渍涝灾害、山洪灾害、干旱灾害、供水危机、水体污染等。

水资源作为基础的自然资源和战略性的经济资源，已引起全社会的关注。水资源的安全与社会各部门的安全息息相关，一旦发生诸如供水危机或水体污染等水资源突发事件，如果处置不当，不但会造成重大的经济损失，而且会在全社会公众卫生及公共安全层面引起负面效应。现代应急管理不再是某个部门单独对某个突发事件进行管理和应对，而是多部门、多机构对突发事件进行协同应对。

我国现行流域水资源管理涉及水利、电力、土地、林业、农业、环保和交通等部门，基本上属于分散型管理体制。一般来说，我国流域水资源管理与水污染控制分属不同部门，水量和水能由水利和电力部门管理，城市供水与排水由市政部门管理，国家环保局虽然全面负责水环境保护与管理，但是它与其他很多机构分享权力，责权交叉多。流域综合管理机构，对水资源分配与协调方面的作用并不明显，尚未形成整套的有效水资源集成管理体系。

现代水资源突发事件的应急管理不但需要上述水资源管理部门的协调处理，还需要医疗卫生和公共安全等部门的通力协作。所以如何在多部门交叉协作的背景下，建立一套跨学科、跨专业、迅速、合理、有效的评估模型，是水资源突发事件应急管理研究的重点之一。

水资源的应急管理是提高水资源管理效率的重要手段，作为庞大的水资源供需系统，不可能百分之百地保证其可靠性，但公众的用水安全与社会的供水是必须保障的。要实现这一目标，就必须采取应急管理。

水资源供给必须承担一定的风险，将这一类风险作为公共危机，采用非正常条件下供水的策略，从而可以大大降低对水资源的需求，减小对生态的破坏。

从理论上讲，像供水系统这样一个庞大的复杂系统，保证其稳定运行当然很有必要。但由于该系统过于庞大、复杂，突发事故是不可能完全避免的，因此必须建立事故的意识，实际上，作为这样的一个系统，要保证在事故发生时，能够将其影响控制在尽可能小的范围，保证系统不至于崩溃。在事故处理后，能够尽快地恢复系统的运作。

2.10.7 水资源管理的精度与深度问题

公共行政管理着眼点是公众行为的管理，因此，水资源管理的基础工作应服从于公众行为管理的需要，从公众行为管理来决定基础工作的精度与深度，例如：从水文学或水资源供需平衡的角度考虑水资源的管理，其着眼点是一种宏观的分析，而取水许可管理的着眼点则是个体的取水行为，二者对精度的要求是有极大的区别的，如根据计量技术规范，取水管理的精度为－2.5％—2.5％，而水文测量的精度则在10％以上，在实际测量中往往达不到这一标准，而水资源供需平衡分析的结果则由于影响因素众多，其误差更大，将三者简单地联系起来，应用于水资源的管理，必然使水资源管理走入误区，严重影响水资源的合理利用或保护。从公共行政管理的角度分析，不能直接将水资源供需平衡分析的结果或水文测量结果与水资源管理直接相关联。水资源供需平衡分析或水文测量结果只能作为宏观判断的参考依据，而不是直接依据。而且公共行政管理需要考虑的因素更为复杂，做出一项水资源管理的行政决定应当考虑更复杂的因素，如对公众行为的导向性，对水资源相关事物的影响，如生态环境和技术的可行性，如在现行经济技术条件下，被管理者是否可能做到，还必须考虑到对该项决定实施情况监督的手段、监督的可能性以及监督的成本等，在某些条件下，还必须考虑当地的文化、传统，公众的接受程度。当前水资源管理方面许多工作举步维艰，相当程度上来自试图直接将水文测量结果、水资源供需平衡成果与取用水管理挂钩，试图直接用根据水资源供需平衡成果制订的水资源规划直接指导日常取用水管理，从而对水资源供需平衡提出了过高的精度要求(如综合规划不仅要求统计的项目繁多，而且精度要求极高)，使得基础工作周期延长，任务加重，基层不堪重负，牵制了大量行政管理的力量。

2.10.8 水资源管理中非正式团体问题

因此在水资源管理工作中，研究正式团体与非正式团体是同等重要的。落实到具体的水资源管理上，应当研究水资源管理中的“正式团体”与“非正式团体”的作用。它极其深刻地影响着水资源管理的效率，虽然国家通过法律的形式赋予了水行政主管部门对用水户的管理权，但是管理权实现是需要通过一系列行政管理行为实现的，而管理的效率与被管理者的服从与配合程度密切相关。当被管理者绝对服从时，行政管理效率可以达到最高，这也是许多管理者心目中的理想状态，但这种情况在现实中是很少发生的。一般来说，任何管理都存在着一定程度的不服从，或者是有条件的服从。作为管理的设计应当允许一定程度的不服从，但必须将这种不服从控制在一定的范围内，才能保证管理的有效性，但不服从程度达到一定的限度，就会导致强烈的对抗，而一旦出现对抗，则会导致管理效率急剧下降，使管理力量不敷使用。

水资源管理中的正式团体主要有水行政主管部门、各类用水协会或行业协会，相关行政主管部门,而非正式团体一般是非组织形式的存在,一般是当水行政或其他行政主管部门采取措施或政策变化时,临时组成的,且成为提出意见的主要来源。如水资源费调价时,往往会形成一些阻碍或拖延调价的临时组织。当采取更为严格的监管措施时,也会临时形成一些表达自己意愿的组织。一般来说,非正式组织常常以行业或区域的龙头企业为主,没有具体的形式,其表达的意见是通过非正式渠道的,这些群体的个体表达意见虽然不同,但表达的意见的核心是一致的,随着时间的推移其表达的意见与方式会趋向于统一,不服从程度也将随之提高,如不加以解决,将直接影响管理效率的提高。

因此,制订重大政策应充分听取被管理者的意见,特别是龙头企业的意见,并且说明做出此项决定的意图,减少被管理者的对抗心理。

作为一个群体,一定区域内所有用水户中存在一定的标志性用水户,这些用水户在一定程度上影响着其他用水户的行为。作为水资源管理部门,应当将这些用水户的工作放在首位,使这些用水户采取合作行为,而不是对抗行为,从而大大降低管理与监督的成本。

具体地说,如说服而不是制服龙头企业的作用就显得尤为重要(当然在说服中,也存在着一定的行政措施威慑力),并且龙头企业一般规模较大,管理体系相对完善,具有较高的政策分析和判断能力,对于正确的政策一般比较容易理解与接受。

取水用户是水资源公共行政管理的群体,但我们对这一群体缺乏深入的研究,从而导致我们对所采取的措施、制订的政策效果缺乏足够的估计,一些政策与措施的效果甚微,甚至是事与愿违,原因就在于此。

今天是一个信息爆炸的时代,每一个用水户都面临着"信息轰炸",但每一个用水户其接收信息的能力是有限的,必然要对来自各方面的信息做出筛选。与用水户有关的各方面都在尽可能地在社会上争取"话语权",试图影响这些用水户,是不是听取或者认真分析水行政主管部门发出的信息,用水户有一个选择或筛选的过程,如果水行政主管部门发出的信息强度达不到一定程度,用水户必然会将来自这方面的信息过滤掉。

第3章　水资源工作的展望

3.1　“绿色饮水”理念，加强水库水质保护

浙江省的水污染情况较为严重，已经成为该省建设生态省战略和实现可持续发展中的重要障碍。随着浙江省经济社会的快速发展，公众对饮用水水质的要求不断提高，“绿色饮水”已成为公众的基本要求。水库水量丰富稳定、水质优良，是城乡供水的首选水源地。到目前为止，浙江省有条件的城市大多已以水库为水源地，县级以上城市已有69％以水库为水源地，占到全省集中式供水人口的62.7％，正在开展的“千万农民饮用水”与“区域供水”也大多以水库为水源地。因此，水库已是浙江省城乡供水的生命线。从长远看，水库将成为浙江省未来相当长一个时期优质水的主要来源，是保障浙江省未来经济社会发展的战略性资源。浙江省水库集水区地理单元相对独立，经济重要性较低，生态环境较好。可目前，浙江省水库水质面临富营养化、工业化、面源污染、农村污水垃圾排放、公路交通等多种安全隐患，存在供水水源单一化、生存发展与保护矛盾突出、管理不适应需要等多种深层次问题。解决存在的问题，首先应统一思想、完善保护体系，把水库水质保护工作提到落实科学发展观，实践以人为本理念的高度，形成党委政府负总责、政府领导挂帅、水利部门牵头、各乡镇部门参与、水库管理机构落实日常保护工作的水库水质保护体系。同时应加大投入，开展具体保护工作，加强库区基本生活保障体系建设，鼓励库区移民，缓解库区生存发展与保护之间的矛盾，加强库区居民点污水处理系统、垃圾收集体系等基础设施的建设，解决“生产生活方式现代化，基础设施农村化”的问题；制定水库水质安全监督制度，明确水质监测主体，整合监测力量，实行供水水质报告制度，实行库区危险品审核制度，严格控制危险品流通、使用、储藏等各个环节；加强技术支撑能力建设，加大对水库水质演变规律、水库生态演变规律和水库富营养化防治技术的研究，加强有关规范、标准的制定和统一工作。近期宜选择工作基础较好的水库开展水库水质保护试点工作。

3.2 发挥管理社会节水的职能

推进全社会节水工作是水利部门参与资源节约型、环境友好型社会建设的主要途径，但目前水利部门管理全社会节约用水存在体制性的障碍。按职责分工，水利主管全社会节水、经贸主管工业节水、建设主管城市节水。而工业用水户中很多又是管网用水户，属于城市节水的一部分；自备水源工业企业的取水审批又是由水利部门执行，存在职权交叉、责任不清的问题。虽然存在这些问题，但水利部门仍可发挥主观能动性，开展节水方面的工作。近期可围绕以下三个方面开展工作。

1.发挥“节水办公室”职能，建立节水信息发布制度

水利部门负责全社会节约用水的工作，并设置节水办公室，其职能为：编制节约用水规划，牵头开展节约用水情况，监督全社会节约用水工作。但目前节水办普遍没有受到政府和社会的重视，处于“有牌子，无编制，无经费”的状态，机构职能基本处于瘫痪状态。从当前来看，要从解决编制、落实经费角度入手改变节水办的尴尬局面，可能性较小。反过来，首先必须发挥节水办的职能，体现出节水办在全省节水型社会建设中的重要地位，从而引起政府和社会各界的关注，那么，解决编制、落实经费问题也就水到渠成了。现代社会，话语权决定社会地位。要想提高节水办社会地位，必须要先使其成为节水型社会建设过程中的“信息中枢”和“信息窗口”。由于节水工作处于部门分割状态，因此，亟待建立由节水办牵头的节水信息通报制度和发布制度。当前，水利部门内部应先统一思想，把农业节水的信息交由节水办发布，通过一段时间的推动，最终实现全社会节水信息由节水办统一汇总、统一发布。

2.开展自备水源企业的节水工作

自备水源企业的节水属于工业节水的一部分，但经贸部门缺乏管理企业节水的制度性措施，其主要做法就是把节水作为企业技术改造的一部分，提供技改补助加以推动。而水利部门掌握着自备水源企业的取水审批权和取水核减权，只要加强监管，开展自备水源企业节水工作就有制度保障。当前，选择积极性高、有行业代表性的企业开展自备水源企业节水工作，主要通过补助企业节水工作中关键步骤的方式推进，可考虑补助企业节水规划和设计所需的经费。补助经费可通过水资源费的途径解决，同时也拓宽了水资源费应用于节水的渠道。

3.落实节水“三同时制度”

《中华人民共和国水法》第五十三条规定“新建、扩建、改扩建建设项目，应当制订节水措施方案，配套建设节水设施。节水设施应当与主体工程同时设计、同时施工、同时投产”。落实节水“三同时制度”，开展节水审批，是节水主管部门管理节水事物，从源头上防止水资源浪费的重要制度，应推动建立。目前，宜以城市为重点

开展，先期推动节水试点城市建立此项制度。对于开展水资源论证的项目，可把水资源论证、取水许可和节水审批结合开展。对于其他建设项目则必须进行节水审批，如与城建部门合作，推进新建住宅区、商业楼的节水审批；与经贸部门合作推进管网用水企业的节水审批。

3.3 水资源管理信息体系建设

水资源信息平台的建设，促进水资源管理信息的社会共享，为用水户提供便捷服务，开辟水资源管理宣传的网络阵地，促进有序用水和正确水文化的形成。组织运行的效率常常取决于组织的沟通，沟通需要信息的传递和反馈。建立全省统一的节水平台有助于全省水资源管理信息的交流、共享，提高管理效能，提高水资源应急管理能力。实现取用水量和水功能区水质的实时监控，为水资源的精确化管理提供技术支撑。

水资源管理信息系统是利用网络数据库技术，对水资源管理所涉及的有关气象、水文地质、社会经济、环境、工程等方方面面的数据进行统一、综合管理，利用数值模拟技术对重点研究区域的地表水系统、地下水系统进行仿真，结合 GIS 技术和多媒体技术动态显示地表水流动、地表污染源扩散、地下水埋深、地下水流场、污染物扩散变化过程，为管理决策者提供辅助决策信息。同时，通过计算机网络为公众提供水资源管理方面的信息服务。

水资源管理信息系统采用以客户服务器体系(C/S)结构为主，以浏览器/服务器(B/S)结构为辅的一种结构。在 Windows NT 环境，通过数据库、GIS、水资源管理专业模型三者间的紧密集成，使其具有用户权限管理、数据管理、GIS 分析、数值计算、动态管理、网络通信、成果 Web 发布等功能，能在单机或局域网内运行。

3.4 利用经济手段促进水资源管理的思考

水市场的问题：水市场，是指在明确界定水的使用权基础上提供水使用权的交换、转让、买卖机会的市场。水市场性质不是完全竞争市场，不是经济学意义上的市场，而是在政府完全控制之下的市场。建立水市场是为了完成取水权的合理流转，实现水的高效利用。水市场的建立对初始水权的划分要求更高。国家是选择以计划用水和定额用水为特征的节约用水体系，还是选择以水权为核心的市场体系来解决水资源危机，来保障经济发展和战略安全的水资源需求，成为水权制度是否在中国得以生根的决定性因素之一。对开放、共有的资源，需要在进入、使用、交换、处置、买卖等方面建立相应的组织，组织的建立，意味着个人获取公共资源的交易成本提高了。提高水价促进节水的问题：现有的水价是由工程水价和水资源费组成的。水资源费被认为是水资源国家所有权的价格实现形式，是国家水资源进行交易或出让的经济形式,所有权出让需取得开发利用水资源所付出全部劳动的补偿,水资源费属于“租”的范畴。水资源费属国家水资源宏观管理费用的补偿,属于行政事业性收费。水资源费的标准不是水资源开发利用前、后付出劳动补偿标准,是不以付劳动消耗为前提的税收。现在,水资源费的征收都是规定依据实际用水量的情况。水资源属于循环可再生资源,与矿产资源等不可再生资源相比有不同的特征:水资源的许可取水量与实际取水量不一致,因此,取水权的“地租”不能与资源价格统一进行计算;而对于不可再生资源,其许可资源开采量和实际资源开采量是一致的,因此其可以进行统一计算。水资源的有偿使用制度应从以下几个方面加以落实:从经济学的角度分析,用水户通过取水许可获得一定的取水许可权,其实是限制了潜在用水户获得取水权利的机会,因此,应该按许可取水的量支付机会成本。由于水资源开发利用的难易程度、前期投入不同,用水户还应支付相应的级差“地租”。要防止水资源保护和管理中的过度市场化问题,特别要防止生存权和基本发展权的过度市场化问题。水资源费应充分体现水的资源价值和生态价值,可适当提高。

3.5 关于水文化的建设

文化对人的行为最具影响力,决定着人的具体行为与反应。有某种文化基础的管理制度的实施成本最低,对抗性最小,而没有文化基础的制度的推行,往往事倍功半,而与当前文化冲突的制度的推行,则往往面临激烈的对抗,就是在强大外力保障下推行,也会使对抗转入地下,从而使得管理者不得不采取更为激烈的管理手段,使得对抗极具危险性。在水方面,水文化的研究具有深刻的意义。江南水乡,由于河网密布,自净能力较差,随着人口密度的增加,污染河网的行为在历史上属于不道德的范畴,这种道德对人的约束力极其巨大,一般来说,居民不会随意向河道倾倒垃圾,但是随着传统社会的瓦解,随之而来的经济社会没有来得及建立起符合经济社会体制的道德体系与道德约束体系,这种向河道倾倒垃圾的行为便失去了制约手段。目前普遍采用的方法是制订法规体系,借助行政手段进行约束,但这带来一个严重的问题,即缺乏足够的执法与监督力度,使得类似的行为无法得到有效制止。对于江南一些农村,村中的池塘几乎就是村子生活的重心,村民长期生活形成了一套严格的有效保护池塘的制度,每一个孩子从懂事起就被教导尊重这一池塘,相当一些村子还形成上水池塘与下水池塘,上水池塘是解决村民淘米洗菜与饮用问题的,而下水池塘则是解决村民洗涮问题的,从而保证了数百年乃至上千年的生活需求。任何破坏这一习惯的行为,都会被村民不齿。但由于自来水供水系统的完善,这种制度也日渐土崩瓦解了。当然失去饮用水功能的水塘似乎没有它存在的必要了,但它同时也失去了其他的功能。过于依赖法律、行政执法与行政惩罚的思路,使得文化日渐式微。在水资源管理方面也存在同样的问题,一方面加强了水法制的建设,使得水管理的法律体系逐渐变得庞大;另一方面在制订法律与宣传法律的同时,也存在着不重视文化的建设,甚至冲击文化的问题,在某些情况下甚至加速了传统文化的崩溃。由于文化的形成常常需要多年的积累,而一旦被另一制度替代,就会引发新制度完善的问题,而这一完善过程可能会历时非常长久,因此,新制度过于革命化,容易引发种种难以解决的问题。

第4章 水资源方面的几个理论问题

4.1 生存权与发展权

水资源既是一种经济资源又是一种生存资源，随着水资源在经济活动中的重要性的日益凸现，开发利用强度增强，必然引发生存权与发展权的冲突。正确处理好生存权与发展权的关系，实际上就是"以人为本"还是"以钱为本"的问题。生存权优先于发展权，这是一条基本原则，是水资源管理的基本原则之一。坚持生存权高于发展权，生存优先于发展权，但也不能将"生存权"无限扩大，阻碍一切的经济活动。

4.2 资源与环境的问题

水资源是一种有限的资源，不是取之不尽、用之不竭的，而水体又是一个开发的系统，与外界发生着复杂的物质和能量的交换，不断改变自身的状态和环境特征。人类活动的影响和参与，引起天然水体污染，常见的污染源有工业废水、生活污水、农业污水、大气降落物、工业废渣和城市垃圾等。由于人类不合理的开发利用水资源，在水资源保护问题上重视不够，导致目前水资源环境问题的突出。

另外，水资源无限制的过度开发，必然导致一系列的生态环境问题，当径流量利用率超过20%时，就会对水环境产生很大的影响；当径流量利用率超过50%时，就会对水环境产生严重影响。目前，我国的水资源开发利用率已达19%，接近世界平均水平的3倍，在个别地区更高。如1995年，松花江、海河、黄河、淮河等流域，径流量利用率已达50%以上，其中淮河流域达到98%。过度开发地下水会引起地表沉降、海水入侵、海水倒灌等严重的环境问题，造成的损失将不可估量。

1. 水资源是生态环境存在的基础

水是一切细胞和生命组织的主要成分，是构成自然界一切生命的重要物质基础。人体内所发生的一切生物化学反应都是在水体介质中进行的。人的身体70%由水组成，哺乳动物含水60%—80%，植物含水75%—90%。没有水，植物就要枯萎，动物就要死亡，人类就不能生存。

无论自然界环境条件多么恶劣，只要有水资源保证，就有生态系统的存在和繁衍。以耐旱植物胡杨为例，在西北干旱地区水资源极度匮乏的情况下，只要能保证地表以下 5 m 范围内有地下水存在，胡杨就能顽强地存活下去。因此，水资源的重要意义不只是对人类社会，对生态环境也是同样起决定性作用的。

2. 人类过度开发水资源，使生态环境遭受严重破坏

自 18 世纪中叶的工业革命以来，随着科技和经济的飞速发展，人类征服自然、改造自然的意识在逐步增强，向自然界的索取越来越多，由此对自然界造成的破坏规模越来越大，程度也越来越深。包括水资源在内的其他资源都遭到人们的过度开发和掠夺，人类对自然的破坏已超越了自然界自身的恢复能力，因此，地下水超采严重、土地荒漠化、水环境恶化这些专业词汇已成为人们耳闻目睹的常用词，生态环境问题也由局部地区扩展到全球范围，由短期效应转变为影响子孙后代的长久危机。

3. 生态环境的恶化又会影响到人类的生存和发展

人类在向自然索取的同时，反过来也受到自然对人类的反作用。随着人类对生态环境的破坏越来越严重，一系列的负面效应已经作用到人类身上。目前，我国的河流、湖泊和水库都遭到不同程度的污染。在七大水系和内陆河流评价河段中，符合Ⅰ、Ⅱ类的仅占 25%，Ⅲ类的占 27%，Ⅳ、Ⅴ类的占 48%；50%中小河流的水质不符合渔业水质标准；全国一半以上的人饮用污染超标水；巢湖、滇池、太湖、洪泽湖已严重富营养化，水体变色发臭，引起湖泊生态系统的改变。20 世纪中后期，我国西北地区部分城市由于只重视经济发展，缺乏对生态环境承载能力的考虑，水资源过度开发导致地下水位迅速下降、耕地荒漠化严重，曾经好转的沙尘暴问题又再次加剧。由此可见，人类在经济发展的同时，必须要考虑自然资源和生态环境的承受能力。否则，过度的开发将会让人类尝到自己种下的恶果。

4. 对社会经济发展的宏观调控，是实现人类与生态环境和谐共存的途径

人类与生态环境和谐共存是当今社会发展的主流指导思想，也是可持续发展理论的重要体现，对社会经济的宏观调控则是实现这一目标的重要手段。就水资源而言，用“以供定需”替代“以需定供”，通过对水资源的合理分配，使得在保证生态环境需水的基础上，考虑社会经济需水；加强污水处理和水环境保护工作，严格控制污水排放总量，确保各类水体不超越水环境容量的范围；通过水资源规划为水资源保护确立目标和方向，同时通过水资源管理工作，将水资源保护落到实处。

4.3 生态补偿

生态补偿是以保护和可持续利用生态系统服务为目的，以经济手段为主调节相关者利益关系的制度安排。更详细地说，生态补偿机制是以保护生态环境，促进人与自然和谐发展为目的，根据生态系统服务价值、生态保护成本、发展机会成本，

运用政府和市场手段，调节生态保护利益相关者之间利益关系的公共制度。生态补偿包括对生态系统和自然资源保护所获得效益的奖励或破坏生态系统和自然资源所造成损失的赔偿。

研究表明，生态补偿的立法已成为当务之急，急需将补偿范围、对象、方式、标准等以法律形式确立下来。出台法规的目的是建立权威、高效、规范的管理机制，促进生态补偿工作走上法制化、规范化、制度化、科学化的轨道。

(1)生态补偿研究应当依法开展，以现有法规与政策为依据，不能脱离法律规定(即保护生态环境与水资源是一项法定义务，任何地区与个人都无权破坏)。

(2)生态补偿涉及资源、环境、社会、经济各个方面，涉及因素较多，仅从水资源、水质角度研究难免片面，不够全面。

(3)《中华人民共和国水法》规定了水权属国家所有，不能简单地以地域划分，而且对水权进行简单划分，会引发上下游水事矛盾。

(4)《新安江流域生态共建共享机制》依据的理论不够成熟，未得到学术界的公认。

(5)水资源存在双重性，带来水利也带来水害。在新安江水库未建设之前，由于缺乏控制工程，暴雨带来的洪水造成严重的洪涝灾害。后来，政府建设了新安江水库，有效控制了洪水，化水害为水利。

(6)有关生态补偿途径问题。生态环境保护其效益最主要体现为社会效益、生态效益，因此生态补偿必须由作为宏观调控主体的政府来实现。建议对于涉及两省的库区生态环境保护、修复、治理等投入，由国家通过政府转移支付给予必要的补助。

多年来，为保障各流域的生态安全、保证流域水资源的可持续利用，大多数河流上游地区都投入了大量的人力、物力和财力进行生态建设和环境保护。而我国大多数河流的上游地区又往往是经济相对贫困、生态相对脆弱的区域，很难独自承担建设和保护流域生态环境的重任，同时这些地区摆脱贫困的需求又十分强烈，导致流域上游区发展经济与保护流域生态环境的矛盾十分突出，如何协调好这种关系，就需要下游受益区和中央政府来帮助流域上游区分担生态建设的重任。因此，建立流域生态补偿机制，实施中央及下游受益区对流域上游地区的补偿机制，可以理顺流域上下游间的生态关系和利益关系，加快上游地区经济社会发展并有效保护流域上游的生态环境，从而促进全流域的社会经济可持续发展。

建立流域生态补偿机制的关键在于理顺各责任主体的关系，而责任主体的关系因流域尺度不同会有差异。流域生态补偿机制设计的总体思路主要包括：一是确定流域尺度；二是确定流域生态补偿的各利益相关方即责任主体，在上一级环保部门的协调下，按照各流域水环境功能区划的要求，建立流域环境协议，明确流域在各行政交界断面的水质要求，按水质情况确定补偿或赔偿的额度；三是按上游生态保护投入和发展机制损失来测算流域生态补偿标准；四是选择适宜的生态补偿方式；五是给出不同流域生态补偿政策。

流域生态补偿的主体包括两个方面：一是一切从利用流域水资源中受益的群体；二是一切生活或生产过程中向外界排放污染物，影响流域水量和流域水质的个人、企业或单位。补偿客体是执行水生态保护工作等保障水资源可持续利用做出贡献的地区，一般是流域上游区域（包括流域上游周边地区）。

流域生态补偿方式包括：资金补偿、实物补偿、政策补偿等。

流域生态补偿途径包括：征收流域生态补偿税、建立流域生态补偿基金、实行信贷优惠、引进国外资金和项目等。从中国流域生态补偿的实践也可以看出，中国流域生态补偿仍然以政府投资或政府主导的财政转移支付体系为主，私有资金投入较少，基于市场的流域生态补偿仅仅零星、分散地存在局部地区，处于准市场或半市场化阶段，自由贸易市场仍然没有形成。未来随着中国流域生态补偿的广泛开展，市场化途径应该是中国流域生态补偿的有效手段。

补偿标准测算包括三个方面：一是以上游地区为水质水量达标所付出的努力即直接投入为依据，主要包括上游地区涵养水源、环境污染综合整治、农业非点源污染治理、城镇污水处理设施建设、修建水利设施等项目的投资；二是以上游地区为水质水量达标所丧失的发展机会的损失即间接投入为依据，主要包括节水的投入、移民安置的投入以及限制产业发展的损失等；三是今后上游地区为进一步改善流域水质和水量而新建流域水环境保护设施、水利设施、新上环境污染综合整治项目等方面的延伸投入，也应由下游地区按水量和上下游经济发展水平的差距给予进一步的补偿。

浙江省是第一个以较系统的方式全面推进生态补偿实践的省份。2005 年 8 月，浙江省政府颁布了《关于进一步完善生态补偿机制的若干意见》，确立了建立生态补偿机制的基本原则，即“受益补偿、损害赔偿”“统筹协调、共同发展”“循序渐进、先易后难”“多方并举、合理推进”。具体政策途径和措施包括：健全公共财政体制、调整优化财政支出结构，加大财政转移支付中生态补偿的力度；加强资源费征收的管理工作，增强其生态补偿功能；积极探索区域间生态补偿方式，支持欠发达地区加快发展；加强环境污染整治，逐步健全生态环境破坏责任者经济赔偿制度；积极探索市场化生态补偿模式，引导社会各方面参与环境保护与生态建设。在具体实施中，采取了分级实施的工作思路，即省级政府主要负责实施跨区域的 8 大流域的生态补偿问题，市、县（区）等分别对区域内部生态补偿问题开展工作。目前，杭州等 6 市已经制定或正在制订本地区建立生态补偿机制的政策，推进相关实践。

尽管我国在生态补偿方面开展了不少工作，但在研究和实践上还存在一些问题，突出的表现在下面几个方面：对生态补偿的概念和内涵没有形成统一的认识；理论研究与实践脱节，理论研究落后于实践探索；生态补偿的范畴和总体框架没有建立起来；补偿标准的确定缺乏科学依据；补偿资金来源单一，补偿数量不足；生态补偿机制建立过程中，利益相关者的参与度不够；由于缺乏统一的归口管理，造成管理上的混乱；政策和法令不够健全，原来的一些资源、环境方面的法规与条例不能适应形势发展的要求。

4.4 水资源的外部性问题

水资源不同于一般物品，其产权不仅不具有可分性，而且对其使用的外部性较高且不明显，也就是说，个人在使用资源时，并不能意识到外部性的存在，或者预防外部性的成本很高。

消除水资源利用过程中的“负外部性”和“非合作博弈问题”关键在于改变水资源利用的预期成本——收益结构和对他人用水行为的预期，而这取决于水资源开发、利用、保护、管理的制度环境。制度环境包括三个层次：一是文化和社会心理的层次，它涉及集体的资源意识以及由意识决定的态度；二是具体制度安排，如对资源使用行为的限制、规定以及对违反规则的制裁和惩罚措施等，这一层次影响到人们使用和消费资源的预期成本和收益的结构；三是组织的结构，政府管理机构和非政府组织的理性介入，确实能对公共资源的有效、合理使用起到统筹分配和宏观调控的作用。政府在水资源制度环境建设方面居于主导地位。在政府的角色和功能的解释中，经济学把政府存在的原因归结为政府是公共物品的提供者和外部性的消除者。外部性是个体自利行为的结果，其根源是公共资源产权的不可分割性，所以无法依赖市场的手段自发解决。水利部门行使水资源的管理是政府提供公共物品和公共服务的重要组成部分，是为了满足个体对有序用水的需求，排除个体用水行为的外部性，促进与用水户的合作，从而实现水资源的可持续利用，其主要手段就是通过提供水资源开发利用的规则、制度、法律、信息来调整资源使用者的行为选择，限定资源使用者的选择范围，资源使用者则在利益最大化原则的驱动下采取最优的水资源利用行为，从而达到公共利益与个体利益的和谐，实现水资源的可持续和高效利用。

4.5 水资源的产权问题

水资源属于公共资源，具有产权无法分割的特点，是纯粹的公共产权，由于产权的不明晰，因此极易造成某些人可以低成本甚至无成本的利用，而水资源开发利用中又极易产生“负外部性”，这种“负外部性”最终必将导致“公共地悲剧”的出现。从博弈论的角度看，人们利用水资源的行为属于“非合作博弈”的范畴，也就是个体行为的理性化而群体行为的非理性化，这种矛盾最终必然使群体的每一个参与者陷入“囚徒困境”。虽然从理论上看，有限个体经过大量的重复博弈，可以实现“合作博弈”，避免“囚徒困境”出现，但水资源的利用个体众多，合作成本极高，而且要求每一个个体都在反复的博弈后，行为趋于理性。在利益的诱惑下，必然有某些个体试图打破理性行为，从而必然重新陷入“非合作博弈”。正因为水资源产权的无法分割，所以我国以法律的形式，明确水资源属国家所有，由国家代替公众行使这一至关重要的资源的产权。但国家只是一个组织，它必须由人来代替它行使这一权益，而由于人的复杂性，在行使这一权益的时候，极易产生偏差，这一权益与行使这一权益的主体不存在直接的利益关系，在监督不够到位、制度不够严密的情况下，容易产生“权力寻租”的空间。我国是一个单一制国家，国家的代表就是中央政府。但由于我国幅员辽阔，人口众多，地理条件差异极大，因此通过授权，由地方政权机构代替中央政府行使部分国家权益。为使某些管理到位，必须采用多级授权，从而使得权益主体与权益行使主体产生分离，并且分得极远，这就一方面导致某些权益行使主体滥用权益，而另一方面，权益主体由于发现权益行使主体滥用权益，从而对代表它行使权益的主体产生怀疑，具有收回授权的冲动。但这种收回权益的冲动，必然导致中央与地方的冲突，同时也导致自己在行使权益时力不从心，监督管理不到位，严重影响效率。

4.6 公共利益与个体利益

水资源是一种重要的资源，它的开发利用涉及面较广，影响较大。必然涉及公共利益与个体利益的问题。在一般情况下，公共利益高于个体利益，应当坚持公共利益优先的原则。但这一原则应当建立在“合法权益”的基础上，当个体的合法利益与公共的违法利益相冲突时，应当维护的是个体的利益。而在我国的文化中，更应当防止的是以“违法公共利益”侵犯“合法个体利益”。

在某一团体或集团实施开发活动时，一般不会是单一利益，总是同时有着团体本身的利益与一定的公共利益，管理者必须正确地加以区分，否则就有可能混淆公共利益与团体利益。进一步分析，某一开发活动就算是公益性为主的项目，从一个角度看，它是公共利益活动。但从另一个角度看，它又纯粹是一个个体利益为主的项目。政府官员极易将团体利益活动，通过一定形式包装成公共利益活动，并以此要求其他个体为之做出牺牲，从而侵犯了个体的利益。这也正是一些利益集团寻租的主要动机与主要手段。

4.7 自然主义与经济主义

在水资源的开发利用上，有两种极端的思路，一种是强调生态与环境的保护，几乎反对对水资源的一切开发利用；另一种是强调人类的生存与发展，基本不考虑这一行为对生态与环境的破坏。前者我们称之为“纯自然主义”，后者我们称之为“纯经济主义”。水资源作为人类生存与发展的基础性自然资源，人类为了生存与发展必然要开发利用水资源。水是自然界最为活跃的生态因子，开发利用水资源必然要对生态与环境造成影响，因此，纯自然主义是不可行的。但另一个极端，因为生态与环境是人类存在的另一个基础，人只是地球生态系统中的一个环节，生态的毁灭也就是人类的毁灭，仅强调人类的发展，强调开发利用，忽视这一开发活动对环境与生态带来的影响，必然使人类失去自己生存的基础，或者失去发展的基础，因此，纯经济主义也是不可行的。人类要生存要发展，必然要开发，必然要影响生态，要正视我们的开发利用活动对生态与环境的影响，不应刻意回避其可能带来的负面影响，应当在正视这种影响的同时，将这种影响控制在一定的范围内，同时必须避免不必要的影响。在评价一个项目时，应当充分考虑开发利用活动所带来的环境与生态的代价，综合衡量项目的可行性。

4.8 价格管理的有效性

价格调节机制对那些能够进行交易的商品和资源的保护是有效的。社会系统的规范主要从价值、奖惩、参照系、控制权 4 个维度影响或制约人们的行动选择。社会福利的对象是社会中处于劣势地位的社会成员。政府水资源管理的目标之一是社会福利最大化，因此，水资源利用的社会福利不是取决于个别部门或个别用水者的单方面受益，而是在一定程度上取决于处在资源劣势地位的部门或个人的获取资源机会的增长情况。水资源保护和管理的目标：在保障公平、可持续开发利用水资源的前提下，促进水资源有价值、有效率地使用。公共资源开发中存在的问题：个人行动的有理性而集体行动的非理性，以及个人利益最大化而公共利益的无效率，给市场配置效率提出了挑战。

4.9 水文化的建设

水资源管理涉及自然、文化、经济、法律、组织、技术等诸多手段与措施，必须采用多维手段，相互配合、相互支持，才能达到开发资源、保护资源、保护环境、促进经济与社会共同持续发展的目的。然而，在各种手段的具体运用中，还需要采取文化先行的策略。文化是制度构成要素中的非正式约束，它蕴含价值信念、伦理规范、道德观念和风俗习性，还可以在形式上构成某种正式制度的“先验模式”。因此，充分发挥文化功能的作用，实行思想观念的变革，营造良好的舆论环境，利用好各种教育手段，对于解决好水资源问题，具有十分重要而深远的意义。建立良好的文化环境，需要人们认识水资源的重要性，创新用水观念、管水观念，建立系统的水资源文化制度。

中华民族灿烂悠久的文明史，从一定意义上说就是一部兴水利、除水害的历史。我国人民在对江河湖泊的不懈治理与开发保护的过程中，不仅为中华民族创造了巨大的物质财富，也创造了宝贵的精神财富，即水文化。关于水文化的概念，最简明的说法是有关水的文化或是人与水打交道的文化。进一步说，水文化是民族文化中以水为轴心的文化集合体，是人们在水事活动中创造的以水为载体的各种文化现象的总和。根据文化学的理论，对水文化做如下初步界定：广义的水文化是人们在水事活动中创造物质财富、精神财富的能力和成果的总和；狭义的水文化是指与水有密切关系的社会意识形态。我们探讨的水文化既有广义的文化，也有狭义的文化，但侧重点是从意识形态的角度进行探讨。对水文化的初步界定可从以下几个方面去理解。

1. 水事活动是水文化创造的源泉

水事活动即人与水打交道的行为过程，包括用水、治水、管水、护水、乐水等实践行为，也包括人们对水的认识、反映、表现等精神活动。人是创造文化的主体，没有人就谈不到文化。但是单独的个人是不可能创造文化的，必须在人与人交往的社会实践活动中才能形成文化。所以社会交往是产生文化的前提条件。人类为了生存和发展，要从事各种水事活动。水给了人类衣食之源，也给了人类洪荒之祸。除水害、兴水利的水事活动成为人们很重要的社会生产实践活动，在这些活动中，建成了大量的水工程，为社会创造了巨大的物质财富，促进了经济社会的发展。古往今来，从畜牧业的发展到农业的丰收，从蒸汽机的发明到现代工业的振兴，如果离开了水的作用将一事无成，人类创造的一切社会财富都蕴藏着人们开展水事活动的劳动成果。与此同时，人们在各种水事活动中，积累了经验，汇聚了智慧，形成了具有水行业特点的思维方式和工作方式，影响着人们的思想观念和情感，从而形成巨大的精神财富。因此，无论从物质财富还是从精神财富讲，人们的水事活动创造了水特色的文化，即水文化。

2. 水文化是人们对水事活动的理性思考所形成的社会意识

水事活动是一种客观的社会存在，必然形成与之相适应的社会意识。人们对水事活动的认识都有一个从感性到理性的认识过程。水文化就是人们对开展各种水事活动理性思考的结晶。所谓理性思考就是对丰富多彩水事活动的历史积淀和现实影响，运用概念、判断、推理等思维方式，探求事物内在的、本质的联系，并形成一定的观念和思想，即一种社会意识。这种社会意识主要表现为水行业的文化教育、科学技术；表现为与水相关人员的思想道德、价值观念、行为规范和以水为题材创作的文学艺术等；表现为对水事活动的经验总结和规律性的认识；表现为水事活动能力的不断提高；表现为水利工作的方针、政策、法规、条例、办法和工作思路等，这些都是人类精神财富宝库中的璀璨明珠。

3.水利文化是水文化的主体

水文化与水利文化是既相联系又有区别的两个概念。随着社会发展而出现的水利文化是人们在开发水利、治理水害活动中创造的具有水行业特征的水文化，这种文化对社会的进步和经济发展影响重大而深远，因在水文化中居主体地位，水利行业是发展水文化的主力军。水文化泛指一切与水有关的文化，它的内涵与外延都比水利文化更宽泛，内容更丰富。

水文化建设，是社会主义文化建设和弘扬中华文化的重要组成部分，是水利行业文化建设和社会主义精神文明建设的重要内容，是大发展大繁荣水文化的根本途径；是把水文化研究的成果付诸行动的实践活动，即认识到实践的飞跃。积极推进水文化建设，以波澜壮阔的水利实践为载体，弘扬水文化传统，创造无愧于时代的先进水文化；提高全社会的水资源意识和水文化意识，为推进我国水利事业的可持续发展提供精神动力和智力支持，是推动社会主义文化大发展大繁荣的需要，也是推进我国水利事业和经济社会可持续发展的需要。加强水文化建设的主要任务和内容有以下几个方面。

(1)加强社会主义的核心价值体系建设，提高水利行业职工的思想道德素质

每一个人对事物都有一个“好”“坏”“对”“错”的判断标准，这就是每个人的价值观。而把众多个体凝聚、规范、动员起来的价值追求、价值准则就构成价值体系。在价值体系中占主导地位的根本价值观念构成核心价值体系，对社会发展有着巨大的引领作用。社会主义核心价值体系是社会主义意识形态的本质体现，是全国人民团结奋斗的精神旗帜和共同的思想基础，应该贯彻在水文化研究和水文化建设的全过程。水利行业，要有自己行业特色的文化、思想、精神支柱和哲学理论，这一切都集中体现在水利行业的核心价值体系之中。核心价值体系一般由指导思想、共同理想、精神支柱和基本的道德规范四个部分构成。水利行业的核心价值体系是以可持续发展的治水思路指导水利事业发展，以“人水和谐”的共同理想凝聚力量，以大禹治水的民族精神和“献身、负责、求实”的水利行业的时代精神鼓舞斗志，以“上善若水”“智者乐水”的基本道德规范引领风尚。现对水利行业的核心价值体系做一简要说明。

可持续发展的治水思路是中国化马克思主义科学发展观在水利事业中的具体体现，是有效解决我国水资源问题、保障经济社会可持续发展的必然选择和成功之路，涵盖了水利发展和改革的各个方面，具有坚实的实践基础、鲜明的时代特征和丰富的科学内涵。主要内涵是以人为本的民生水利，人水和谐的生态水利，突出节约保护水资源的可持续利用水利，统筹兼顾的协调发展水利，改革体制机制法制建设的创新水利，坚持现代化方向的现代水利。这一科学的治水思路，必将指导我国

水利事业又好又快地向前发展。

在可持续发展的治水思路中实现人水和谐的生态水利，是水利行业的共同理想。人水和谐，是中国“天人合一”和“和为贵”的哲学思想在人水关系上的反映，是正确处理人与水关系上的思想基础。人水和谐，处理好人与水的关系是一对矛盾的基本要求和共同追求。即在一切水事活动中，一方面要坚持以人为本，充分尊重人的尊严和权利，充分调动广大人民群众的积极性和创造力，把实现好、维护好、发展好最广大人民的根本利益作为开展一切水事活动的出发点和落脚点，使水不要危害人，而是造福于人，满足人类的合理需求。另一方面人要善待水，尊重自然、尊重科学，要满足维护河湖健康发展的基本需求。尊重水伦理和水规律，把水视为人类最宝贵的财富，最忠实的朋友。把河流、湖泊及一切水资源生存的处所视为有生命、有活力的载体，要用心地去珍惜它、保护它，使人与水友善相处，大力推进生态文明建设。人水和谐，是建设中国特色社会主义、构建和谐社会的重要保证。只有实现人水和谐，社会才能安宁、和谐，人民才能幸福、安康。因此，人水和谐，是中华儿女祖祖辈辈梦寐以求的愿望，是水利职工团结奋斗的共同理想。

大禹治水的民族精神和“献身、负责、求实”的水利行业精神是水利人的精神支柱。大禹的治水精神内容十分丰富：为民除害、无私奉献的精神；尊重规律、科学治水的精神；艰苦奋斗、敢于胜利的精神；促进社会发展、开创社会文明的精神。总之，大禹的治水精神影响了整个中华民族的心理和文化，铸就了我们伟大民族精神的基石，影响了中华民族精神的形成和发展。“献身、负责、求实”的水利行业精神，继承和弘扬了大禹治水精神，成为新的历史条件下继续推进水利事业不断发展的精神动力，正鼓舞着当代水利人战胜抗洪、抗震等各种艰难险阻，在振兴现代水利的大业中奋勇前进。

“上善若水”和“智者乐水”是古代哲人以水的品格为人们提出的一种道德规范。老子在《道德经·八章》中说：“上善若水。水善利万物而不争，处众人之所恶，故几于道。居善地，心善渊，与善仁，言善信，政善治，事善能，动善时。夫唯不争，故无尤。”就是说，上乘境界的善，如同水一样，滋润万物而不相争，停留在众人所不喜欢的低下之处，所以最接近于道的观念。上善者像水那样，居住要选择别人不愿去的地方，存心要渊深，交友要仁爱，说话要真诚守信，为政要条理分明，做事要无所不能，行为要把握时机。这样的人才不会有过失。这里，水成了高尚和友善的标准。“智者乐水”是孔子的名言。在《韩诗外传·卷三》《荀子·宥坐》《说苑·杂言》《孔子家语》等书中都有孔子回答学生子贡关于为什么“君子见大水必观焉”的记载，孔子说“水者君子比德焉”，即水是君子用来比喻道德的。汉朝刘向在《说苑·杂言》中记载了孔子直接回答“夫智者何以乐水也”的一段话：“泉源溃溃，不释昼夜，其似力者；循理而行，不遗小间，其似持平者；动而之下，其似有礼者；赴千仞之壑而不疑，其似勇者；障防而清，其似知命者；不清以入，鲜洁而出，其似善化者；众人取平，品类以正，万物得之则生，失之则死，其似有德者；淑淑渊渊，深不可测，其似圣者。通润天地之间，国家以成。是知之所以乐水也。”即聪明的人喜欢水是因为水奔流澎湃，日夜不停，像是毅力坚强的人；水按一定规律流淌，不遗漏每个小地方，像主持公平的人；水向低处流，像知礼节的人；流向千仞深壑而不犹豫，像是勇敢的人；遇到障碍能清正对待，像知天命的人；不清洁的进去而干净的出来，像是善于感化人的人；水是品类万物的标准，万物得者生，失者亡，像是有仁德的人；水深不可测，像是通达事理的圣人。水滋润天地万物，国家因此形成。所以聪明的人喜欢水。这样孔子把水比作人的仁爱、礼义、智慧、勇敢、坚定、灵敏、有为、包容、趋下、公正、有度、意志等，几乎人的所有美德都可以从水中得到相应的表现。可见“智者乐水”是一句道德规范的名言，教导我们应成为有崇高民族精神和高尚道德情操的人。在新的历史条件下，我们继承和弘扬“上善若水”和“智者乐水”的品德，成为践行社会主义荣辱观深厚的思想渊源。

水利行业的核心价值体系是社会主义核心价值体系在水利行业的体现，是维系水利事业存在和发展，适应现代社会要求的重要保障。同时也是水文化中的核心理念，是水利行业全体职工团结奋斗共同的精神旗帜和思想基础。加强水利行业核心价值体系建设，就能产生巨大的凝聚力和向心力，全面提高全行业的思想道德素质，引领我国水利事业的发展。水利行业的核心价值体系在这次四川汶川大地震中得到了光辉的彰显，表现在水利赈灾的各个方面，以处理唐家山堰塞湖最为典型。

(2)加强和谐水文化建设，丰富职工的精神文化生活

和谐文化建设是社会主义和谐社会的重要内容，水文化的本质特征就是“和谐”。要以培育和谐精神、树立和谐理念为根本，营造水利行业良好思想舆论氛围。要本着寓教于乐、自娱自乐、小型多样的原则，开展形式多样的群众性文化体育活动。以水或水利为主题，开展文艺演出、歌咏比赛、演讲比赛、赛诗会集邮等活动，以及摄影、美术、书法、冰雕等文学艺术创作；以水和水域为平台，开展游泳、垂钓、龙舟赛、泼水节、皮划艇赛、帆板赛、溜冰、滑冰、滑雪、冲浪等多种水上健身怡神活动。通过这些文化活动，丰富水利职工的精神文化生活，满足水利职工精神文化需求。这样，人们在说水、讲水、演水、唱水、表现水的浓厚水文化氛围中塑造美好心灵，陶冶思想和情操。

加强和谐水文化建设，要紧贴职工的新需求，开展心理健康教育。注重人文关怀和心理疏导，引导职工正确对待自己、他人和社会；正确对待困难、挫折和荣誉，塑造自尊自信、理性平和、积极向上的社会心态；培养乐观、豁达、宽容的精神品格，以人的心理和谐促进社会的和谐发展。从而以饱满的热情、良好的精神状态投身

各项水利工作中去，为构建和谐社会贡献力量。

(3)提高水利工作的文化品位，满足人民精神文化需求

提高水利工作的文化品位，就是要把文化的元素渗透到水资源的开发、利用、节约、管理、保护、配置等一切水利工作中；渗透到水利建设的水文、勘测、规划、设计、施工、管理、工程名称、工程造型、工程效益等各个方面。建设每一项水利工程和每一处水环境，既要考虑到兴利除害功能，同时，要重视文化内涵和人文色彩。要尽量使每项水利工程成为具有民族优秀文化传统与时代精神相结合的工艺品，成为旅游观光的理想景点、休闲娱乐的良好场所、陶冶情操的高雅去处。要营造文化内涵丰富、高雅优美的水环境，满足人们亲水、爱水、戏水、休闲、娱乐等文化的需求。

(4)发展水文化事业和水文化产业，增强水文化实力

水文化事业是指水利行业和与水有关的科学技术、各类教育、文学艺术、新闻出版、体育卫生等事业，这些都要大力发展。要把发展水利行业的教育和科技作为繁荣水行业文化事业的重点，认真落实“科教兴水”的战略措施。教育是文化的基石，科技是文化的结晶。要适应全球化的知识经济时代和数字化信息革命的要求，广泛应用数字化、网络化、数据库、计算机、电子通信等高新科技，全面提高水行业的科学文化素质，推进水利事业的迅速发展。

水利文学艺术是中国水文化中最光彩夺目、最有感召力的重要内容。要在广泛开展群众性文学艺术创作的基础上，组织有抱负、有作为的文学艺术家到宏伟的水利事业中体验生活，创作出极有感召力、震撼力的传世名著，充分展示中国水利人的精神风貌，激励人们为发展我国水利事业而奋进。

发展水文化产业是市场经济条件下，繁荣水文化和满足人民群众精神文化需求的重要途径。每一项水利工程，不仅是可贵的物质产品，同时也是高雅的文化产品，其中融入了不同时期的水文化内涵，融入了人们的聪明智慧。优美的水环境和丰富的水利人文景观，都为大力发展水文化产业提供了丰富的资源，要努力开发。要把我国水文化产业纳入社会主义文化产业链之中，制订水文化产业发展的规划和战略，完善水文化产业政策。立足水文化资源优势，致力于开发一批高起点、新特色、多层次、多方位和高质量的水文化产品。要在进一步开发黄河历史文化走廊旅游、世界上历史最长的无坝引水工程都江堰、当今世界水利工程壮举三峡水利枢纽等重点水利旅游项目的同时，充分挖掘各地的水文化资源，大力发展水文化产业。

(5)保护和整理优秀的水文化遗产，服务当代水利建设

我国5000多年的悠久历史，创造和形成了极为光辉灿烂的水文化遗产，大量的水利历史典籍、文物古迹和各种古代水利工程，都是中华民族优秀文化遗产的重

要组成部分,要努力发掘,精心维护,使之成为进行爱国主义教育的好教材。要继续做好中国水利史的研究和水利史志的编纂工作,深入挖掘、全面概括和科学梳理传统水文化,为建设和繁荣社会主义文化做出新贡献。要加大保护水文化遗产的力度,要积极配合水科院水利史研究所制定物质的和非物质的水文化遗产评价标准和申报评选程序,分批、分类确定水文化保护名录。认真总结并传播水文化遗产保护的经验,推进水文化遗产的保护,服务当代水利建设。

第5章　其他相关问题

5.1　水资源费

《中华人民共和国水法》规定了直接从江河湖泊地下取水必须交纳水资源费，关于水资源费的性质、水资源费征收的理由、水资源费的作用有过许多的解释，最流行的说法有两种：(1)水资源费是体现水资源的国家所有，是国家对水资源所有权的体现；(2)补偿国家在水资源研究管理方面前期投入的费用。这两种说法貌似有充足的理由，但它们很难站住脚。首先，根据我国宪法与其他法律规定，由国家拥有所有权的资源有许多，但国家行使所有权的资源并不决定了国家必须以收取使用费的形式体现其所有权。发放取水许可证体现了国家对水资源的所有权，但即便不发放取水许可证、不征收水资源费，也无法否定国家对水资源拥有所有权。在实际操作中，国家对相当一部分其拥有所有权的资源的使用并不收费，甚至不发放许可证。对某些资源的利用甚至采用了补贴、奖励的形式，也就是说采用了“负资源费”的形式。其次，国家是承担公共事务管理的机构，其在许多公共领域的投入是其职能所在，其补偿主要来源于税收，并不是国家提供的公共产品全部需要直接回收，因此，补偿国家对水资源的前期研究投入的说法也是站不住脚的。国家对一项公共资源行使所有权，只是为了加强对这种资源的管理，防止外部性或无序利用，并不是为了收费，国家对公共事务的投入，只是国家职能所在，并不需要直接回收。是否收费，是否实施许可管理，应当有更深层次的原因。对一项公共资源的使用收费，仅仅说明了国家需要动用宏观经济政策对某项资源进行管理，它纯粹是宏观经济政策的考虑，对于鼓励开发的资源采用低的、零的甚至是负的使用费，而对于限制开发的资源采用高的甚至惩罚性的使用费，从而通过使用费的调整，对该项资源的价格造成影响，实现对某些资源使用的宏观调控。

5.2 水权水市场

水权问题的要点如下：

(1)水资源管理实际上是一个市场问题。

(2)任何社会都在追求资源配置达到帕累托最优。

(3)理论上市场配置，通过充分竞争能达到资源配置最优。

(4)事实上没有完全竞争的市场。

(5)水市场必然是一个不完全竞争的市场。

(6)竞争程度过低的市场，政府必须干预。

(7)政府不能作为市场的主体，因此通过水资源规划配置水资源，最后确定初始水权的理论是错误的。

(8)根据规划配置的水资源进行初始化，涉及发展权问题。

(9)中国是单一制政体，地方政府不具备主体的独立性，更无法作为主体。

(10)考虑到用水户天然的竞争力不平等，如农业水资源消费者与工业或生活的消费者，无法用同等的价格竞争水资源。因此，政府对不同的消费者确定了不同的水价级别，但这种划分也将市场划分了。

(11)目前水价过于复杂，导致市场进一步分割，实际是有害的。

(12)水资源费是政府对水价调控的重要手段。

(13)水资源是一项重要的权利，它的划分影响巨大且深远。

(14)水制度是与我国的社会结构密切相关的，它的划分可能会涉及我国的社会结构。

实现水资源有序管理可以通过两种途径：一是通过行政管理的手段，二是通过市场自动调节手段。行政手段在大多数情况下，见效快、目标清晰，一般常为管理者所采用，但在某些情况下，行政手段也容易产生扯皮推诿、遗留问题较多、腐败等问题，同时其监管成本较高。而市场自动调节手段一般来说见效相对较慢，目标不够明晰，但其具有遗留问题少、监管成本低、不易产生腐败等优势。我国水资源管理主要采用行政手段，但随着单纯采用行政手段管理水资源暴露出来一系列问题，特别是协调成本极高，常常导致管理失效的情况下，学者也提出采用市场机制管理水资源，但从几年的实践来看，这一进程非常缓慢。东阳与义乌的案例：讨论水权水市场首先应明确市场的基本要素，而市场的基本要素是主体、机制(规则)、产权、监管者。在一个市场中，市场中的主体应是独立与平等的主体，主体之间不应存在主从或管辖关系。而市场的主要机制是价格，这是交易的目标与手段；市场的目的是通过交易达到资源配置的帕累托最优，提高资源的配置与利用的效率。市场的产权应当是明晰的，这是交易最基本的依托。市场的监管者是政府，只有政府才能充当市场的监管者。认真分析流行的水权水市场理论,其基本要害是没有认真分析市场的主体。这些理论基本上都是以水资源调查评价为基础,以水资源规划为出发点思考问题,将政府对水资源的配置作为水权划分的依据,一般认为通过水资源的规划明确了各行政区域对水资源的使用权,将这一权益作为初始水权,试图以此为出发点建立水权水市场,从而混淆了市场主体与监管主体的关系。政府或其部门作为一个水市场的行政主体,不能成为水市场的主体。作为行政主体的政府或其部门,存在着主从或管辖的关系,而存在着主从与管辖就不可能形成平等的关系,就不能避免强制交易,而强制交易就是市场崩溃的特征。同时政府作为行政主体,它又是市场的监管者,是制度或规则的制订者,一旦参与市场交易,必然造成监督与被监督者角色的混乱,导致其所制订的制度或规则的混乱,使市场无法顺利运转。政府可以对价格进行调控,但这种调控应当是宏观的,而不是直接的管制。当采用直接管制手段时,实际上市场已经部分崩溃或完全崩溃。建立水市场的前提是有独立的水市场的主体,主体之间不存在主从或管辖的关系,所以水市场的主体是"直接从江河湖泊或地下取水的单位或个人",也就是"企业、法人、组织与个人",都是水资源的使用或交易者,在法律上这些主体都是平等的,不存在主从或管辖的关系。主体的独立性还表现在产权的排他性,也就是资源的产权绝对性。

我国是一个单一制国家,中央政府与地方政府是管辖与被管辖的关系,而地方政府之间虽然相互独立,但其受上级政府的直接管辖,可以通过非市场的手段或渠道直接影响市场规则的制订,从而无法促进市场的形成。根据《中华人民共和国水法》,水资源属于国家所有,由中央政府代表国家行使水资源的产权,因此,产权是单一的,不存在独立的产权,而市场交易的根本就是产权的交易,从这个意义上讲,水资源的交易市场是无法形成的。建立水权水市场的关键是把握产权的性质与主体的问题:因为水是一种独特的资源,它伴随着自然界一种巨大的破坏性力量——洪水,在深受洪水之害的我国,水必然是一种带有公共性质的自然资源,任何拥有水资源产权的人,都不可能获得完全的处置权,它必然是一种有限产权,当然作为市场交易的对象并不需要完全的产权,真正要求的是清晰的产权边界,大量在市场上交易的物品都是附带条件的,拥有者并不能够拥有完全的处置权。水资源作为一种重要的基础性资源,附带条件进行交易是完全可行的,水市场必须建立在这个基础之上。原先的许多论述关键就在于没有分清有限产权与无限产权的问题,将水资源产权作为完全产权来进行研究,从而催生许多矛盾,使得水权理论研究停滞。水权市场的主体是经济人,它不带有行政权力,从这一点出发,水权市场就必须是取水。

5.3 生态水利

由于水在生态系统中的极端重要性,而水资源开发利用对水生态的影响极其重大,为此水资源的开发利用与管理应当深入研究生态问题。随着开发强度的增大,开发程度的加深,逼近了生态系统可承受的限度,生态风险也随之加大,因此随着水资源开发利用程度的提高,生态研究的成分就越多,而工程技术则会相对减少,从而使水资源开发利用管理转向生态保护与管理。

水资源的级差至少可以分为:可控资源与不可控资源。

可控资源主要指可以通过水库调节的水资源,可调节程度越高的水资源,其价值也相应的越大。

第二部分

一个节水漫画小故事

节水大作战

第一章
水之国度的危机

这是小哩同学放学的日常。
本应该再平常不过。

可是……
丢

咚
呜！

欸？
有人溺水了？！

喂喂！
你不要紧吧！

别怕，我这
就来救你！
不会游泳的小
朋友请勿模仿。
你怎么随便
乱丢垃圾啊！

对不起，我
不是故意的。
请原谅我！

我不是在说
你砸到我。

咚
而是你随手乱丢
垃圾的行为……

扑通
人鱼小姐！

得赶紧打120……
咕
咕

好饿~~
咕
咕

于是小哩同学将人鱼小姐带回了家中……
哗哗哗——
吧唧吧唧……

好吃好吃！
好好吃！

呵呵，慢点吃。
人鱼小姐，你在家没吃东西吗？

唉，别提了。

我家所在的那条河这几年污染越来越严重。
别说健康的虾米和海草，连块干净的水域都没了。

有这么严重吗？
我们生活中不到处都是干净的水吗？

咚
那是因为你们生活在相对富裕的城市！

你们有完善的供水系统。
可不代表其他地方也有！

可是我们的地球表面大部分地方不都是水吗？
对啊对啊。
怎么还会缺水呀？

真拿你们没办法。
今天我就给你们科普下常识好了。

小鱼人课堂
地球表面72%的面积被水覆盖，但淡水资源仅占所有水资源的0.5%，近70%的淡水固定在南极和格陵兰的冰层中，其余多为土壤水分或深层地下水，不能被人类利用。
海水这么多，不能利用起来么？
你尝一口就知道为什么不能用了！
海水是咸水，不能饮用和灌溉，也难以用于工业。虽然有海水淡化技术，但成本和科技要求很高，无法大规模普及。

所以通常所说的水资源主要是指陆地上的淡水资源。
原来水资源是这个意思。
人类真正能够利用的淡水资源是江河湖泊和地下水中的一部分，约占地球总水量的0.26%。
居然这么少啊。
加上水资源分布不均匀，世界上超过十亿人无法获取足量且安全的水来维持他们的基本需求。
再加上生活垃圾和工业污染，本就不多的水资源就更加稀少了呢！
下次我再也不敢了。
知道我在说谁吧？

总之大概
就是这样。
以后你们
都注意些。

不客气，大家互相
帮助是应该的。
我叫狐莉莉，很
高兴认识你。

不过还是多谢
你们的款待。
我叫乔小余，
请多关照。

这个是我不成器
的哥哥狐小哩。
请把多余的
形容词去掉。

不过你家那边污
染情况这么严重。
你接下来要
怎么办呀？

我也在愁这个。
其实我这次出来主要是为了寻找拯救家园的办法。

可心有余而力不足……

那让我们一起来帮助你吧！

保护水源是我们地球居民共同的责任。
不应该由你一人来承担。

你们……

真是大好人！

第二章
从小事做起
上一回中，小哩和莉莉在听说了水资源的危机后，决定帮助乔小余拯救家园。
看来我们大陆居民给你们添了不少麻烦啊。
你有什么问题我们都会尽力帮忙的。
在兄妹二人的努力下，他们说服父母让乔小余暂时住在他们家中。
哪里哪里，添麻烦的是我才对。
我这不成器的儿子就交给你多加教育了。
为什么又扯到我？
包在我身上吧！
嘿嘿

晚饭过后——

哗
哗
哗

关上
!

你干吗把水关掉啊？
洗碗没必要
一直放水吧。
水还放这么大。

像这样事先盛些水。
就可以反复用了呢。

用后的水还可以
用来冲厕所哦。
……
事后水龙头
记得关紧。

用得着这
么节约吗？
这样也省不
了多少水吧。

我可以告诉你。
非常有必要！

据分析，家庭只要注意改掉不良
的习惯，就能节水50%到70%。
西湖相当于我们
水中的迪士尼呢。
按用水定额来说，居民生活用水量在100~200升，
假如咱们国家14亿人都节水了，每天节约5升，
每年能节约25.6亿立方米，相当于大约183个西
湖的总蓄水量！

居然能节省
出这么多吗？
毕竟你们陆地居民
的人数摆在那儿啊。

一个滴水的水龙头，一天就可以浪费1至6升的水。
好夸张……
一座城市约有200万只水龙头，漏一年就会浪费上亿吨水呢。

积少成多就是这个道理。
所以节约水源要从小事做起。

听你这么一说确实有道理。
那生活中还有哪些地方可以节水呢？

那我就稍微讲一下好了。
我也要听，我也要听！

小鱼人课堂
——如何在生活中节水

没必要每次都把水流开最大哦。
1. 控制自来水输出
用水时根据情况调节水流，也可把节水垫圈或压力补偿装置添加到厨房或浴室的水龙头上。这些小装置可以将少量空气混入水流中，从而减少水的输出并减缓其速度。
2. 马桶节水
使用节水马桶或装置来控制水流。上完厕所后，按照"半抽水"模式冲洗厕所，以节约用水。也可以往马桶水箱中放入一个装满水的500毫升水瓶或一块砖头，每次冲水就可以减少水量。
3. 洗涤水的再利用
用淘米水洗餐具可以减少洗涤剂的污染和用水量。从洗衣机收集水来冲洗马桶。洗涤水还可以用来浇花、清洗厕所等。

节约用水的小方法
洗澡时调节适当的水量淋浴，搓洗时及时关水。
将所有水果和蔬菜集中在一个盆里。用小水流慢慢清洗，这样既可以节省水又可以把蔬果洗干净。
洗碗前用餐巾纸将碗盘中的油污擦拭一遍，再用水洗，至少可以节省一盆的水量。
洗过脸的水可以倒入洗脚盆中，添一点热水就能接着洗脚。
洗衣机洗少量衣服时，不要将水位定得太高，这样反而洗不干净，还浪费水。衣服太少不洗，等多了以后集中起来洗，也是省水的办法。

原来生活中有这么多可以节约用水的方法。
真是没想到。
嗯嗯
以后我会努力的。

喂喂，你们快来看电视！

有不得了的人上电视了！

这是！

愚蠢的大陆居民！
海神波塞冬！

由于你们这些年来无节制地浪费水和污染水。
导致我们水之国度的居民不断受到伤害。

最关键的是……

你们还污染了我宝贝女儿生活的水域，导致她离家出走！
那可是我的宝贝女儿啊！

看来他很疼
他女儿呀。
真好～
没我的宝贝女儿了，
我该怎么活啊！
呜呜呜呜～～～

这一切都是你们
大陆居民造成的！

我决定从今天开
始将不再下雨。

我要对你们
实施惩罚！

你们掌握的水资
源将减少一半。

接受来自海洋的怒火吧！

等你们啥时候学会珍惜水，我再考虑恢复。

对了，宝贝女儿看到的话，记得快快回家哦～

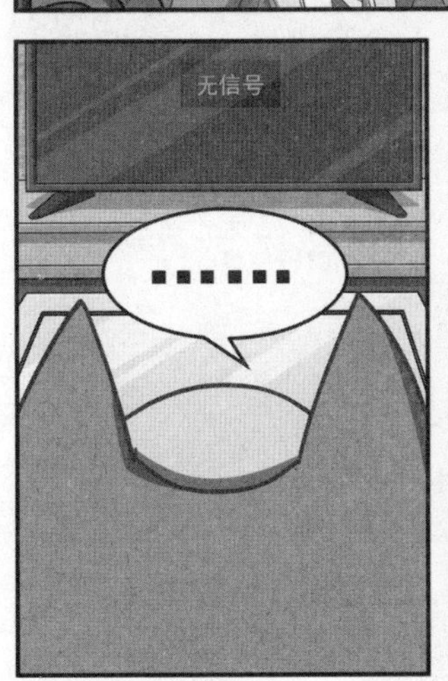
无信号
……

出……出大事了！

第三章
化解危机

真的没再下雨了哎。

而且小溪流也比平时变浅了好多。
真不愧是海神。
呱
呱

虽然不是完全断水，但这样一定有很多麻烦吧。
想必现在大人们都很头疼。

小哩，莉莉。

这件事我得和
你们道歉……

为什么要道歉？
这事和小余
没关系吧。

不，关系很大，
可以说都怪我。
因为……

波塞冬是我的父亲。
我其实是水之
国度的公主。

我本来是想独自出来寻找拯救家园的方法。
但没想到父皇因此误会而发怒……

不要玩闹！
这可是非常严肃的事情！
是……

赶紧拍照留念！
我也要拍我也要拍
这可是童话里的公主！
石化

可这不是小余姐姐的错吧。
主要过错还是在我们这些大陆居民身上。
对啊，你别自责了。

唉，可事情的起因是我。
那就有我的责任。

不过你们放心。
等我回去一定和他好好说说……

请等一下。

我觉得这未尝不是件好事。
爸爸？

叔叔，你的意思是？

其实我身为人大代表。
人大代表？！
早就意识到这些年来的水资源问题。

但由于农场主和企业家们节水意识和相关知识的欠缺，
导致农业和工业存在着大量浪费水的现象。

虽然会让大家在这段时间过得很辛苦。
但也可以趁此机会给他们好好补补课。

原来可以这样。
这确实是个不错的主意。

真的不会给大家添麻烦吗？
放心吧，情况还在可控之中。

既然如此，请务必让我出一份力。
有什么我可以帮得上的忙吗？

公主殿下愿意亲自帮忙那是再好不过。
我们也想帮忙！

那么你们能去附近遇到麻烦的农场主那儿帮帮忙吗？
他们都在为水源一时短缺的事情而发愁。

可这种事情我们怎么帮助他们呢？
我们对种田也不太了解呀。

这个就交给我吧！
我在水利方面可是深有研究呢。
哦哦，不愧是大海的公主。
那我们现在就出发吧！

那我们走啦。
晚上记得
回来吃饭。

我记得松狮犬叔叔
的农场就在这附近。
我们快要到了。
是那个懒洋洋
的犬叔叔啊。

趁抵达还有
一段时间，
小余能给我们讲讲
水利的相关知识吗？
其实我一直不懂水利
到底是什么意思呢。

当然可以。
我很乐意给
你们解答！

小鱼人课堂
什么是水利

水利一词最早见于战国末期问世的《吕氏春秋》中的《孝行览·慎人》篇，但它所讲的"取水利"系指捕鱼之利。
原来是出自古典呀。
吕氏春秋
中华文化真是博大精深。
约公元前104～前91年，西汉史学家司马迁写成《史记》，其中的《河渠书》(见《史记·河渠书》)是中国第一部水利通史。该书记述了从禹治水到汉武帝黄河瓠子堵口这一历史时期内一系列治河防洪、开渠通航和引水灌溉的史实之后，感叹道："甚哉水之为利害也"，并指出"自是之后，用事者争言水利"。
从此，水利一词就具有防洪、灌溉、航运等除害兴利的含义。
现代由于社会经济技术不断发展，水利的内涵也在不断充实扩大。1933年，中国水利工程学会第三届年会的决议中就曾明确指出："水利范围应包括防洪、排水、灌溉、水力、水道、给水、污渠、港工八种工程在内。"其中"水力"指水能利用，"污渠"指城镇排水。进入20世纪后半叶，水利中又增加了水土保持、水资源保护、环境水利和水利渔业等新内容。
这就是水利的现代定义。
因此，水利一词可以概括为：人类社会为了生存和发展的需要，采取各种措施对自然界的水和水域进行控制和调配，以防治水旱灾害，开发利用和保护水资源。

水利的重要性
水是一切生命的源泉，是人类生活和生产活动中必不可少的物质。在人类社会的生存和发展中，需要不断地适应、利用、改造和保护水环境。水利事业随着社会生产力的发展而不断发展，并成为人类社会文明和经济发展的重要支柱。
古时候的人们逐水草而居，择丘陵而处，靠渔猎、采集和游牧为生，对自然界的水只能趋利避害，消极适应。进入奴隶社会和封建社会后，随着铁器工具的发展，人们在江河两岸发展农业，建设村庄和城镇，遂产生了防洪、排涝、灌溉、航运和城镇供水的需要，从而开创和发展了水利事业。
如今在许多地方由于对水土资源的过度开发，或未能有效地进行保护，已造成严重恶果。例如：大量侵占江河湖泊水域，降低了防洪能力；滥伐森林滥垦草原，加剧了水土流失；工矿排放有毒废水，污染了水源；超量开采地下水，造成了水源危机等。因此，水利又面临许多新的课题。
综观历史，人类与水一直存在着既适应又矛盾的关系。随着人类社会的不断发展，人与水的矛盾也在不断变化，需要不断地采取水利措施加以解决，而每一次大规模的成功的水利实践，都会进一步提高水利在人类发展过程中的重要地位。

原来是这样，
现在终于懂了。

喂喂！你们
快过来看！
不得了了！

怎么了？

松……松狮
犬叔叔！

第四章
拯救农田大作战

死……死了？
不会吧……

怎么办？怎么办？
先做人工呼吸？
笨蛋，赶紧
打120啊！

沙
沙

沙
沙
沙
沙

松叔——
你怎么又偷懒了！
啪

都缺水缺成这样了，还在这睡大觉呢。
咩……咩
咩子同学？
农作物都要枯死了，知道不？
爆踹
啪
啪

嗯？

哦！这不是小哩和莉莉嘛。
你们怎么在这呀？

那个……你们田
里不是缺水吗？
我们是来
帮忙的。

啊！太好了！
有人帮忙了。

那我可以继
续睡觉了～

啪
啪
啪
让你睡！让你再睡！

实在太感谢你
们能来帮忙了。
我这因为缺水
愁得不行呢。
真是人不可
貌相……

这位是你们的新朋友吗？
长得好可爱呀，快给我们介绍介绍。

这是我班上的同学，她叫咩咩子。
你好你好！

这是大海的公主乔小余。
幸会幸会！

原来是公主殿下……
……

欸欸欸欸欸欸！
公……公……公主！！！

小民拜见
公主殿下！
别...别...别这样！
咩咩子她其实是
童话故事爱好者。

公主只是个头衔，
你不要太过在意。
不然我会很
伤脑筋的。

真的吗，那我们
可以成为朋友吗？
当然可以。

耶耶耶~~~
我有公主
朋友了！
我好像知道松叔为
什么不愿干活了。
真是个可怕
的天然呆。

嬉闹之后，咩咩子将乔小余等人带到了农田。

哇，白菜都蔫了。

毕竟这几天
都不下雨。
松叔又偷懒。
非常抱歉。

那我们赶紧去打水吧。
打水的地方在哪？

我们都是在那口井里打水的。

可现在水十分有限，不能一次打太多水。
所以我们还是睡觉吧。

咚
不过现在也没什么办法。
现在只能先浇水，走一步看一步了。
看来也只能这样了。

请等一下！

你们不考虑用滴灌这种灌溉方式吗？
这可是既节水又省事的灌溉技术。

滴灌？
公主殿下，那是什么？
是罐头吗？

看来确实和叔叔说的一样。
你们在这方面知识很缺乏呢。

快给我们讲讲吧。
拜托拜托！
好好好~

小鱼人课堂
节水灌溉
什么是节水灌溉
节水灌溉就是指以较少的灌溉水量取得较好的生产效益和经济效益的灌溉方式。节水灌溉的基本要求就是要采取最有效的技术措施，使有限的灌溉水量创造最佳的生产效益和经济效益。
节水灌溉的种类与方式
科学灌溉是专业灌溉企业一向着力推广的灌溉方式，包括滴灌、微喷、渗灌、喷灌等现代化的灌溉方式。我们需要根据相应植物的需水特性、生育阶段、气候、土壤条件等做合理设计，制订相应的灌溉制度，适时、适量、合理灌溉。
节水灌溉的作用
这种方式可以做到局部精确灌溉，除了用于补充土壤水分满足植物生长需要外，还可将肥料、农药溶解在水中，结合注肥泵等现代化的施肥装置进行施肥打药作业。同时还可避免土壤盐碱化，对已经出现盐碱化的土壤，可利用灌溉冲洗土壤中的可溶盐分，以改良土壤。此外科学灌溉方式还可起到预防果树、蔬菜霜冻和预防干热风危害，以及防止土壤风蚀等作用。

节水灌溉的主要技术

渠道防渗

渠道输水是中国农田灌溉的主要输水方式。传统的土渠输水使部分水都因为渗漏和蒸发而损失掉了。渠道渗漏是农田灌溉用水损失的主要方面。采用渠道防渗技术后，一般可使渠系水利用系数大幅度提高。渠道防渗还具有输水快、有利于农业生产抢季节、节省土地等优点，是当前中国节水灌溉的主要措施之一。

管道输水

管道输水是利用管道将水直接送到田间灌溉，以减少水在明渠输送过程中的渗漏和蒸发损失。

常用的管材有混凝土管、塑料硬（软）管及金属管等。管道输水与渠道输水相比，具有输水迅速、节水、省地、增产等优点。

喷灌

喷灌是利用管道将有压水送到灌溉地段，并通过喷头分散成细小水滴，均匀地喷洒到田间，对作物进行灌溉。它作为一种先进的机械化、半机械化灌水方式，在很多发达国家已被广泛采用。

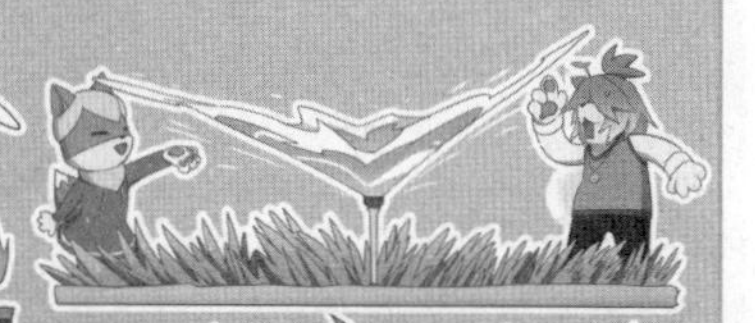

微喷

微喷是新发展起来的一种喷灌形式，微喷又分为吊挂微喷、地插微喷。特别适合在农业温室大棚内投入使用，它比一般喷灌更省水，更均匀地喷洒于作物上。

它是通过PE塑料管道输水，通过微喷头喷洒进行局部灌溉，更可以扩充成自动控制系统。它还能结合施用化肥，提高肥效。

滴灌

滴灌是利用塑料管道将水通过直径约16mm毛管上的孔口或滴头送到作物根部进行局部灌溉。

它是干旱缺水地区最有效的一种节水灌溉方式，其水的利用率可达95%。滴灌较喷灌具有更高的节水增产效果，同时可以结合施肥，提高肥效一倍以上。它适用于果树、蔬菜、经济作物以及温室大棚灌溉，在干旱缺水的地方也可用于大田作物灌溉。其不足之处是滴头易结垢和堵塞，因此应对水源进行严格的过滤处理。

第五章
政府的节水大计

原来种田光浇水这块就这么有讲究呀。
那是当然，现在可是21世纪。

居然有这么方便的技术。
那我们赶紧开始弄吧。

可我们现在要用哪种节水灌溉好呢？
而且也得考虑造价成本吧。

啊……还要花钱？
大概要花多少？

41

这个不用担心。
据我了解，国家早就实施了节水灌溉补贴政策。

加之灌溉技术的成熟，其造价也越来越便宜。
哦哦！
性价比可谓相当之高了。

乔小余如果不是公主，绝对是优秀的推销员。
而且我学过如何安装和部署，你们只要买到器材就可以了。
公主殿下万岁！
公主殿下万岁！
不过人家确实说得有道理嘛。

我这就打电话订购！

于是在乔小余的建议下，松叔订购了滴灌的器材。
大家开始一起搭建滴灌带。

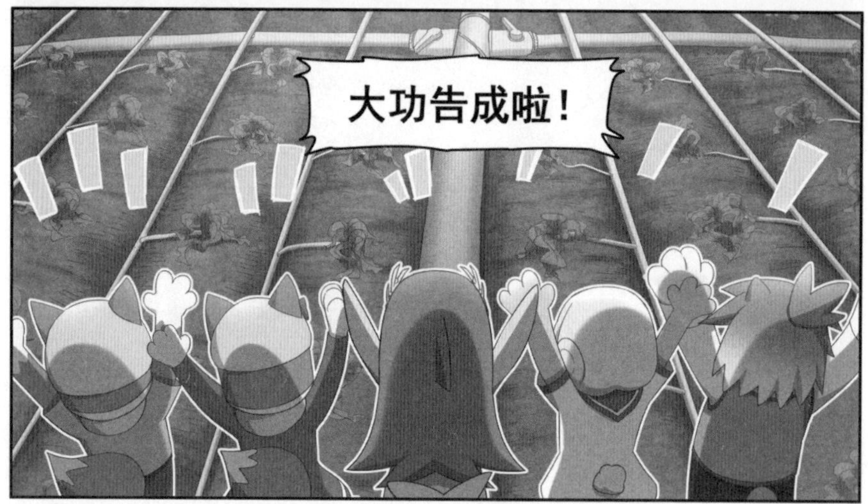
大功告成啦！

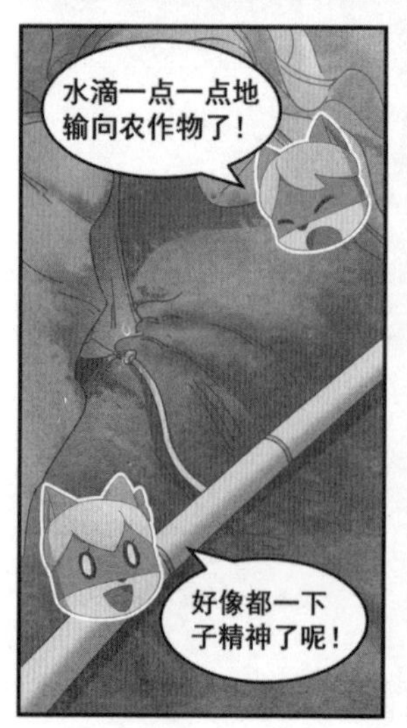
水滴一点一点地输向农作物了！
好像都一下子精神了呢！

太好了！
这样一来，这些大白菜很快就能恢复健康了。
以后也能更节水、更方便地灌溉了呢。

既然问题已经解决，
那我们也该回去了。
今天实在太
感谢你们了。
谢谢各位。

我们也会向农场的朋友
推荐这些节水灌溉方法。
让大家都为节约
用水做些贡献。

那就再好不过了。

大家再见。
我们下次见。
公主殿下再见～

今天真是做了一件有意义的事呢。
是呀。

只要大家一起努力。
一切都会好起来的。
嗯！

嘟嘟——
嘟嘟——

你们大陆上平时货车也都这么多吗？

没有啊，好像就今天特别多。
车子都很难过去呢。

是有什么急事吗？
看来大家都很忙碌的样子。

应该是和现在缺水的情况有关吧。
毕竟这不是小的事情。

对不起……
不不，我没责怪你的意思。

我们赶紧先回家，爸妈都做好晚饭了呢。
好～～

我们回来了！

不用再说了！
那可是我祖上留下来的东西。

我是不会改变他们的工厂的！

这都是你们政府的责任！
你们应该赶紧把问题给解决了！
可水资源问题我们也是没有办法……

够了，我先告辞了，不必送我。
至少吃个饭吧。
不必了！

鼬鼠叔叔，你不留下来吃饭吗？
抱歉啊，小狸、莉莉，叔叔就不留下吃饭了。

唉～
爸爸，鼬鼠叔叔他怎么了？
平时你们关系不是很好么？

这也是一件头疼的事。
他不愿意配合我们的政策。

什么政策呀？
为什么不配合？

由于现在海神
停止了降雨。
很多工厂的水
供应不足了。

工厂也很需
要用水吗？
那是肯定的啊。

政府只能将之前制定
的节水政策抓紧实施。

工业用水虽然不及
农业用水需求量大。
但每年也占了总
用水量的20%。

居然也有这么多，那
主要都是哪里用水呀？
那我简单
讲一下吧。

小鱼人课堂
工业用水
什么是工业用水
工业用水指工业生产过程中使用的生产用水及厂区内职工生活用水的总称。
生产用水主要用途有：(1)原料用水，直接作为原料或作为原料一部分而使用的水；(2)产品处理用水；(3)锅炉用水；(4)冷却用水等。其中冷却用水在工业用水中一般占60%—70%。工业用水量虽较大，但实际消耗量并不多，一般耗水量约为其总用水量的0.5%—10%，即大部分用水使用后经适当处理仍可以重复利用。
工业水源
工业用水从资源角度看有常规水资源和非常规水资源。常规水资源分地表水、地下水、自来水。非常规资源分海水、苦咸水和污水资源。各地企业位置不同，它们所采用的水源也各不相同。
如南方一些城市的企业大多采用河水、湖水等地表水，沿海城市的一些企业海水用量比较大；而北方的一些企业则大量采用泉水、井水等地下水。还有一些城市，在工业用水中采用了一部分污水，所以污水也可用作工业用水的水源。
因此，凡是能为工业生产提供水的水源都是工业用水的水源。
由于大部分工业企业都集中在城市，工业供水系统与城市生活供水系统成为城市的主要供水系统。城市供水系统大多采用自来水的供水方式，所以自来水供水是工业用水的主要供水方式。

按用水的作用分类可分为生产用水、间接冷却水、工艺用水、锅炉用水、生活用水。
按水源类型分类可分为地表水、地下水、自来水、海水、城市污水回用水、其他水。
按用水的过程分类可分为总用水、取用水、排放水、耗用水、重复用水。

听上去好复杂。

毕竟是大人们研究的东西。

工业用水的范围

生产用水、辅助用水、附属用水都是工业用水。在工业生产中，有三种不同的生产职能，由企业内部不同的部门担负。对于直接担负工业产品生产的各工序或机构、部门叫生产车间或生产部门；为生产部门服务的车间、机构、部门，如动力、仪表、机修、锅炉等单位就叫辅助生产部门；为企业生产或职工服务的其他部门、机构，就叫做附属部门，如食堂、澡堂、机关等。

在工业用水中，生产用水的比重最大，约占企业用水的60%—65%以上；辅助生产用水约占30%；附属生产用水较小，约占5%—10%。

工业用水的特征

1. 用水量大

我国城镇的工业取水量占全国总取水量的20%，但随着城市化和工业化进程的加快，以及城镇工业规模的大幅增长，水资源供需将逐渐加大。

2. 大量工业废水直接排放

我国城镇工业废水排放量约占总排水量的49%，由于绝大多数有毒有害物质随工业废水排入水体，导致部分水源被迫弃用，加剧了水资源的短缺。

3. 工业用水效率总体水平较低

我国小城镇水资源严重短缺的同时又存在严重浪费的现象，平均工业用水重复利用率仅为52%。

4. 工业用水相对集中

我国城镇工业用水主要集中在纺织、石油化工、造纸、冶金等行业，其取水量约占工业取水量的45%。

第六章
功夫不负有心人

原来工业用水这么讲究啊。

是啊，所以在缺水的情况下，
工厂的用水形势特别严峻。
我们政府也出台补贴政策，加紧普及工业节水设施。

所以现在路上的货车都是在运这些节水设备吗？
是啊，现在大家都很忙。

那鼬鼠叔叔为什么在这种情况下，
也不愿意配合呢？

那是因为他家的纺织厂
是世世代代传下来的。
他不愿做出改变。

毕竟他们家
都很古板。
那真是头痛。

可这样下去，他那纺织
厂也会因缺水而停工吧。
我们得想办
法劝劝他。

估计也就你们
能劝得了他。
那就拜托你们明
天过去一趟吧。

ok，就交给我们吧！

53

翌日
哈啊~~~~

话说你们昨天答应得这么爽快。
是有什么计划吗？

咦，我是看你们一脸爽快的样子，
所以跟着答应的。
我也是。

那么说来我们压根儿没有计划吗……

所以连大人都劝不了的长辈。
我们又该怎么说服呢？

而且这次还涉及工业领域。
我们也不能像上次那样直接帮忙。
是的呢。

先和我们讲讲工业节水是什么吧。
这样我们才能对症下药。

也行，那我就简单地说明一下。

工业节水的主要措施

1. 冷却水的重复使用

在工厂推行冷却塔和冷却池技术，可使大量的冷却水得到重复利用，并且投资少，见效快。如某塑料厂投资数万元设置冷却塔后，生产1吨塑料的耗水量由300多立方米降到40立方米，水的回收率达到80%—90%。

2. 回收利用废水，建立工业用水的封闭循环系统

天津一家造纸厂采用这种方法实现工业循环用水后，日耗水量由3000立方米减少到300立方米，节水达90%。

3. 循环用水

在化工、电镀、印染、纺织等行业的生产过程中，可推行逆流漂洗的循环用水技术，利用后一道工艺排出的较清的水供前一道工艺使用，可节水30%以上。

4. 革新工艺，采用新技术

以风冷却、汽冷却代替水冷却，以热水代替蒸汽取暖。加拿大一家炼油厂用汽冷代替水冷，使炼制每吨原油的耗水量由100立方米左右降低到0.2立方米。使用热水代替蒸汽供暖，也可节水达30%以上。

5. 用次水代替好水和废水的交换使用

滨海城市耗水量大的工厂可用海水代替淡水冷却，还可采用水质较差的浅层地下水代替优质深层地下水，以用于工业冷却和建筑施工用水。工厂之间的废水还可以交换使用。

你说的这些，我们果然插不上手呢。
听着就好复杂……

现在看来融鼠叔不是钱的问题。
现在水资源不够，水价涨了许多。

融鼠叔叔是生意人，不可能算不出得失。
这些设施省下来的水费足够填补成本。

这才是最伤脑筋的地方。
看来他只是单纯不想做出改变。

有什么办法能让他明白水资源的珍贵就好了。
唉～

对对对！
就是这个！

怎么，你有什么办法吗？

嘿嘿，你可别忘了。
我可是海神的女儿。

哥哥，小余笑得好可怕。
我有点担心鼬鼠叔叔了。

缺水

空

停水了？

出去运动一下好了。

哈啊~~~

呼，果然生命
在于运动呀。

洗澡洗澡~

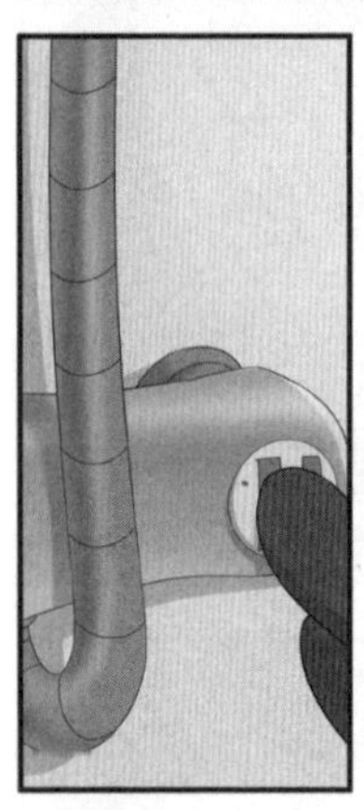

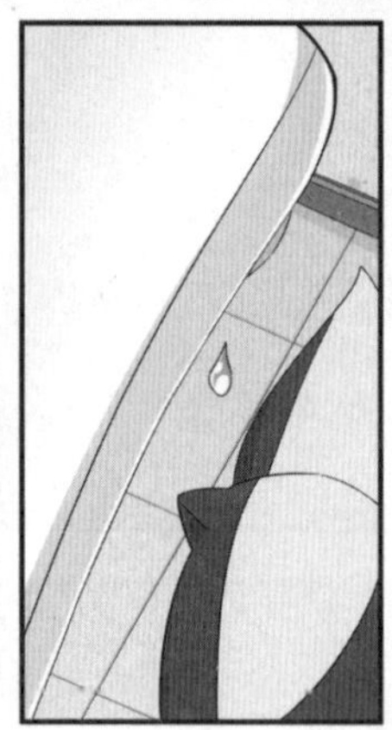

……

喂！停水的情况
查明白了吗？
什么？一切都正常？
赶紧给我重新检查！
咚

唉，看来今晚
只能叫外卖了。

嘀嘀

这样一想，没水
还真是难受。

稍微忍耐一下吧。

鼬鼠叔叔！
噗

63

呼～得救了！
咕噜咕噜

你们真是来得太及时了。
这次多谢了！

对了，这位是？

鼬鼠叔叔你好。
在自我介绍之前，我需要先对你道个歉。
咦？为什么这么说？

因为你屋子今天的停水其实我造成的。
很抱歉给你添了这么大的麻烦。
欸！

为什么要这么做？
而且，你是
怎么做到的？

难道你们关了水闸？
不是的。
不对，那个我
也检查过了。

其实我是大海
的公主乔小余。
我们看到的时候
也是吓了一跳呢。
虽然做不到像父皇那样
翻云覆雨，但控制小范
围的水还是可以的。

公公……公主殿下！
受小民一拜！
为什么重点
还是头衔？！

那公主为什么要和
小民开这等玩笑呢。

鼬鼠叔叔，你愿意
听我讲些话吗？
公主请讲！

你刚刚也体会到缺水
的不便之处了吧。
而你可知世上有无数人
每天都面临这样的情况。
他们要为一口水而步行百里
而且饮用的水也并不干净。
对他们来说，洗澡
和畅饮都是奢望。

他们赖以生存的农田
因为干旱而导致歉收。
他们的身体也因为
缺水而失去了健康。

污染水域，
浪费水源。
不但破坏了我们水中居民的环境，
而且也给大陆居民带来了困扰。

我并非强求。
我只希望大家既然
住在同一个地球村。
那便需要一些
理解与帮助。

叔叔，小余小
姐说得没错。
你就再考虑
考虑吧。

唉，平时不在意。
被你们整这一出。确实让
我意识到水是有多珍贵。

想不到会被小
孩子教育了。
如果我再固执下去，
祖上一定会骂我的。

我会按照政策改进我们工厂的节水设施的。
太好了！

事情能这么顺利实在是太好了呢。
是啊。

不过还是得让父皇将一切恢复才行。
不然大家都过得太辛苦了。
确实。

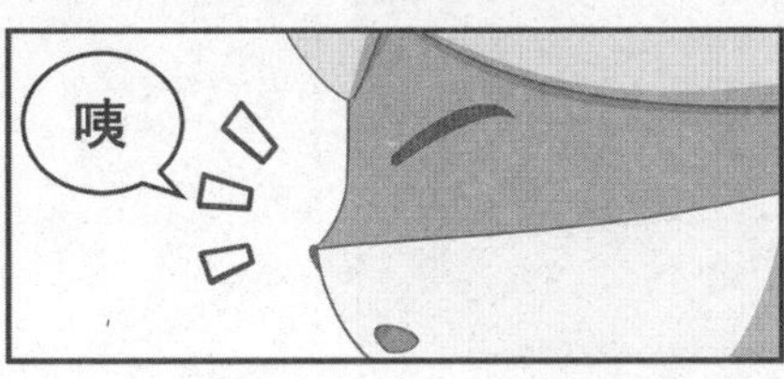
咦

喂，你们快看前面！
怎么了？

海……海神！
爸爸！
你们可算来了。

宝贝女儿啊！
可算找到你了！
叮

鼬鼠叔叔的事，
我都听说了。
你们做得很好。
嘿嘿

爸爸，你怎么和
海神在一起啊？
是这样的……

咚
海神得知了她女儿的真实想法，因此非常高兴。
误会解开了呢。
那可真是太好了。

咳咳！

这几日小女多亏大家照顾了。
实在是有劳各位了。
哪里哪里，不用客气。
乔小余是我们的朋友，这是我们应该做的。

你们做的事，我都听狐先生说了。
你们做得很好。
有你们这样的年轻人在，那我也就放心了。

您的意思是？

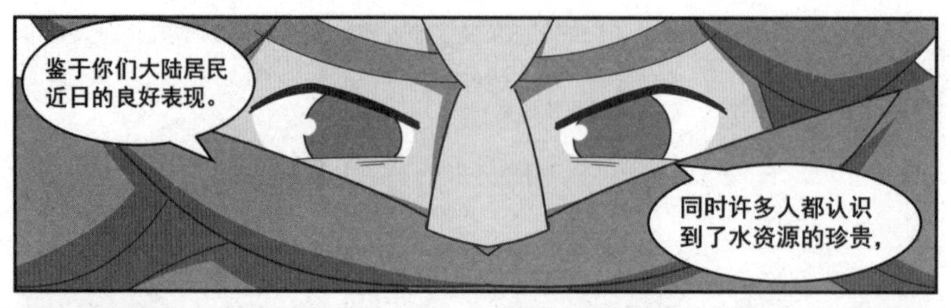

71

希望你们能记住这份珍惜水资源的心情。
这让世界更加美好。
完

第三部分

节水教育基地案例荟萃

第1章　瑞安市节水宣传教育基地

浙江安谷文化传媒发展有限公司充分考虑瑞安当地特色，将基地主题定为“四方瑞水，一隅安心”，在紧扣主题的基础之上，分为“序厅”“走进—水的世界”“感受—水的危机”和“开展—节水行动”四个展区。

基地风格突破传统，呈现大气科技风。在传统展示的基础上，还增加了导电油墨互动墙、VR虚拟体验、多屏分屏显示等多种现代化高科技互动形式，在操作上更加智慧化和便捷化，并且设计出“瑞瑞”和“安安”两个吉祥物，在保持科技感的同时，憨态可掬的吉祥物形象获得了青少年群体和广大市民群众的一致喜爱。

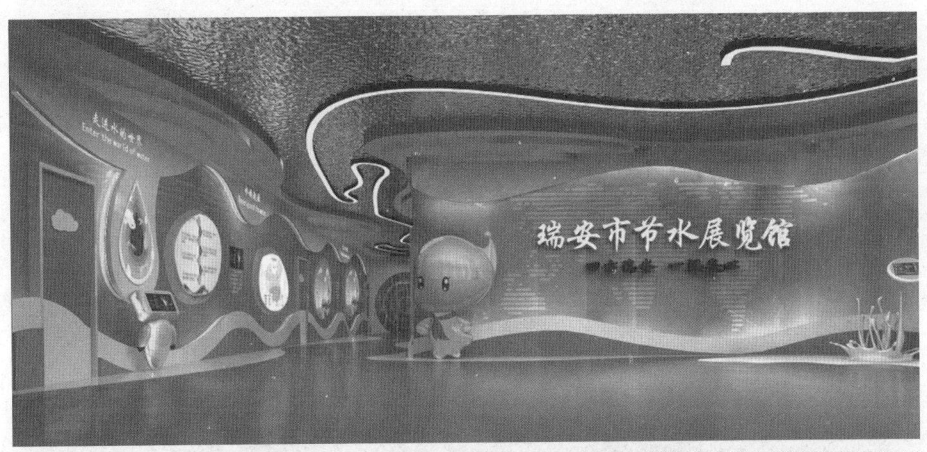

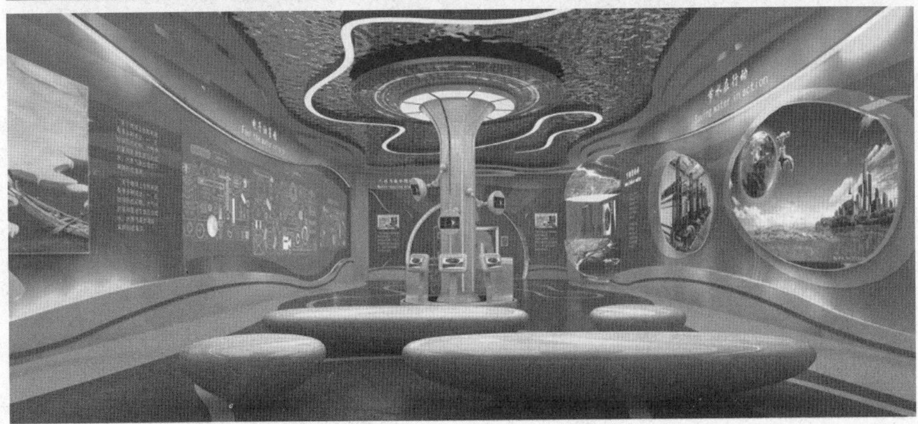

瑞安市节水展览馆

第2章 衢江区节水宣传教育基地

浙江安谷文化传媒发展有限公司将衢江节水宣传教育基地的主题定为“水到衢成，江临浙土”，并将展区分为“序厅”“潺潺衢江水”“缺水之殇”和“节水行动”四个展区。展区参观线路逻辑性强，通过紧密贴合衢江特色，打造出自己的独特性。

值得一提的是展馆内设置了衢江的模拟生态墙，并且通过VR技术给参观者带去漫游衢江美景的身临其境的感官盛宴，使他们对衢江水系有更加深入的了解，为后续吸收节水知识做好铺垫。在科普水循环、社会各界节水举措的过程中融入多种形式的物理互动与多媒体互动，寓教于乐，使参观者在玩与学中找到平衡点，不虚此行。

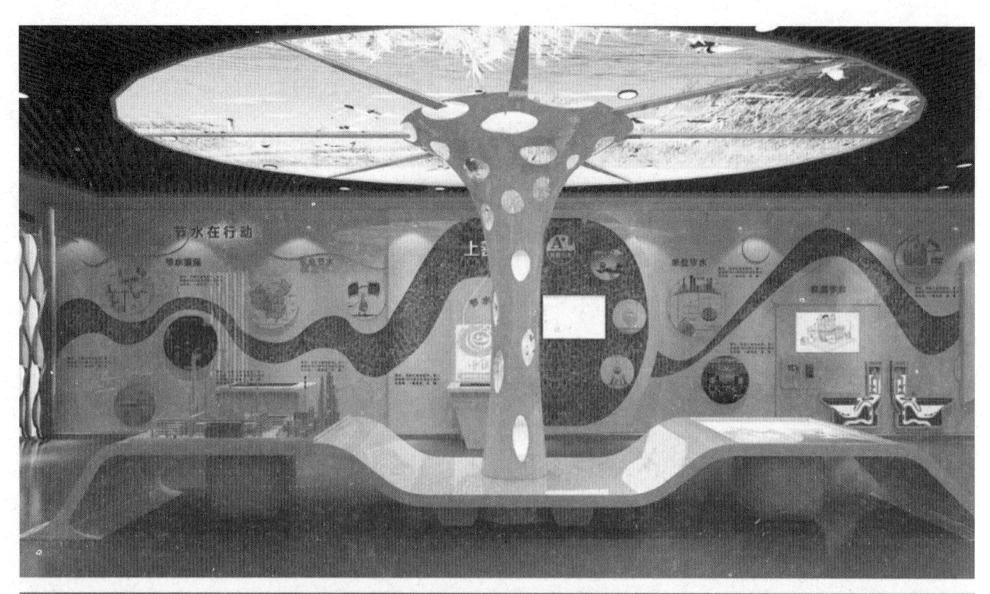

衢江节水宣传教育基地

第3章　江山节水宣传教育基地

江山节水宣传教育基地选址在江山水文站，利用水文站室外现成的勘测设备，让参观者知道水文勘测的原理、对人类生活生产中的贡献以及水文与节水的关系。该基地的选址意义突出，不仅彰显了江山节水基地的特色，也进一步深化了展示内容。

“节水”是浙江“五水共治”举措中尤为重要的一环，展馆内部通过对“五水共治”重要举措的介绍引出“节水”主题，通过打造“节水宣讲区”“节水卫生间”“水文博物馆”等展示区域，以由宏观至微观、深入浅出的形式展示与节水相关的各领域的知识。蓝白色系、水分子墙面造型的打造将展馆的美观性与科普性巧妙结合，使参观者受益匪浅。

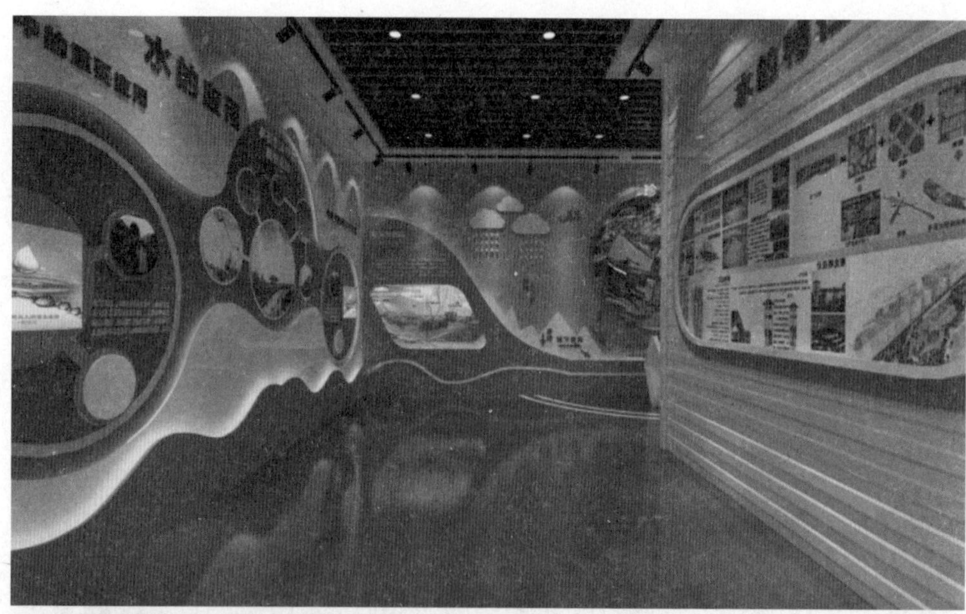

江山节水宣传教育基地